# Think Stats

## 第2版
## プログラマのための統計入門

Allen B. Downey 著

黒川 利明　訳
黒川 洋

本書で使用するシステム名、製品名は、それぞれ各社の商標、または登録商標です。
なお、本文中では™、®、© マークは省略しています。

SECOND EDITION
# Think Stats

*Allen B. Downey*

Beijing · Cambridge · Farnham · Köln · Sebastopol · Tokyo

© 2015 O'Reilly Japan, Inc. Authorized Japanese translation of the English edition of "Think Stats, Second Edition". © 2015 Allen B. Downey. This translation is published and sold by permission of O'Reilly Media, Inc., the owner of all rights to publish and sell the same.

本書は、株式会社オライリー・ジャパンがO'Reilly Media, Inc.との許諾に基づき翻訳したものです。日本語版についての権利は、株式会社オライリー・ジャパンが保有します。

---

日本語版の内容について、株式会社オライリー・ジャパンは最大限の努力をもって正確を期していますが、本書の内容に基づく運用結果について責任を負いかねますので、ご了承ください。

# はじめに

本書は、探索的データ解析の実際的なツールを紹介するだけでなく、使えるようにするためのものです。構成は、私がデータセットに取り掛かるときに使う次のようなプロセスに基づいています。

- **インポートとクリーニング**：データがどのようなフォーマットになっていようと、データを読み込み、クリーニングし、整形して、さらにこれらのプロセスで本来のデータが不用意に改変されていないかチェックするのには、それなりの時間と労力とがかかる。

- **単一変数での探索**：通常は一時に1つの変数を調べることから始める。変数が何を意味するのかを見つけ出し、値の分布を眺め、適切な要約統計量を選ぶ。

- **ペアワイズ探索**：変数間の関係がどうなっているのか見極めるために、表と散布図を調べ、相関と線形適合を計算する。

- **多変量解析**：変数間に関係が見られるときには、重回帰を用いて制御変数を追加し、より複雑な関係がないかどうか調べる。

- **推定と仮説検定**：統計的な結果を報告するときには、次の3つの質問に答えることが重要。効果はどれほど大きいのか、同じ測定を繰り返し行うとすれば、どの程度の変動を予期すべきか、観察された効果が偶然によるものだという可能性はあるのか、である。

- **可視化**：探索において、ありうる関係や効果を見つけるためには可視化が重要なツールである。さらに、観察された効果に、もっと精密な調査が必要になった場合、可視化は結果についてのコミュニケーションで効果的な方法となる。

本書ではコンピュータを使って計算するという方式を取ります。これは、数学的なアプローチよりも次のような利点があります。

- アイデアを数学表記よりも Python のコードを使って示す。一般に、Python コードのほうが読みやすく、また、実行可能なので、読者がプログラムをダウンロードし、実行して、修正利用できる。
- 各章には、読者が学んだことをさらに強固にして発展させられる演習問題がある。プログラムを書くことで、理解したことをコードに表現できる。プログラムをデバッグするときには、理解を修正できる。
- 演習問題には、統計的な振る舞いを確かめる実験も含まれる。例えば、無作為抽出標本を生成して、その和を計算することで、中心極限定理（CLT）について調べることができる。結果に対する可視化によって、CLT がなぜ成り立つのか、成り立たないのはどういうときなのかがわかる。
- 数学的に把握することが困難な概念の中にも、シミュレーションだと理解が容易になるものがある。例えば、$p$ 値について、無作為抽出によるシミュレーションを行って近似すれば、$p$ 値の意味が何であったかが確認できる。
- 本書は汎用プログラミング言語（Python）を用いているので、ほとんどあらゆる情報源から、データをインポートできる。特定の統計ツール用にクリーニングされフォーマットされたデータセットに限定されない。

本書はプロジェクトベースの授業に使うことができます。筆者のオーリン大学のクラスでは、学生は、1学期間のプロジェクトに従事して、統計的な課題を取り上げ、その課題に関するデータセットを見つけ出し、そのデータに対して学んだ技法を適用しています。

統計解析に対するこのようなアプローチを実際に示すために、本書では全章にわ

たってケーススタディを行います。次の2つの情報源からのデータを用います。

- 全米世帯動向調査（NSFG）、疾病管理予防センター（CDC）によって行われる、「家族生活、結婚、離婚、妊娠、不妊症、避妊、男性および女性の健康問題」に関する調査、http://www.cdc.gov/nchs/nsfg.htm 参照。

- 行動危険因子サーベイランスシステム（BRFSS）、CDC の国立慢性病防止健康増進（NCCDPHP）センターによって行われる、「米国における健康状態とリスク行動の追跡」調査、http://www.cdc.gov/brfss/ 参照。

その他にも、米国国税庁（IRS）や米国国勢調査、ボストンマラソンのデータを例として使用しました。

本書『Think Stats 第2版』には、初版の章も含まれますが、大幅に改訂されており、回帰、時系列分析、生存分析、統計解析手法という新たな章を追加しました。初版では、pandas、SciPy、StatsModels も使っていなかったので、これらに関することも新規に追加しました[†]。

## 本書をどのようにして書いたか

新しい教科書を書く人は、たいていいままでに世に出された教科書の山を読むことから始めます。結果的に、多くの教科書が同じ内容をほとんど同じ順番で並べることになります。私はそのような方法はとりませんでした。実際、本書の執筆に際して、印刷された書物をほとんど参照しませんでした。これにはいくつかの理由がありました。

- 私の目的は、統計を新たなアプローチで探索することだったので、既存のアプローチにできるだけ触れないようにした。

- フリーライセンスの許で本書を公開するつもりだったので、著作権の制限で妨げられないようにしたかった。

- 読者の多くが印刷物を閲覧できる図書館にアクセスできないだろうから、イ

---

[†] 訳注：初版から削除された部分もある。代表的なのは、ベイズ統計、ベイズ推定に関する部分だ。これに関しては、『Think Bayes—プログラマのためのベイズ統計入門』が発刊されたため。初版と用語などが変更されたものもあるが、適宜訳注で補っている。

ンターネット上で自由に閲覧・利用できる資料を参照するよう試みた。

- 昔のメディアを擁護する人は、電子的資料しか使わないのは、怠惰であり信頼できないと考えている。最初の指摘は正しいかもしれないが、2番目の指摘は的外れであることを実証してみたかった。

最も多く利用したのはWikipediaです。一般に、私が読んだ、統計に関するWikipediaの記事は（多少の訂正は必要でしたが）質の良いものでした。本書では、Wikipediaの記事を各所で参照しているので、ぜひ読んでください。多くの場合、記述を省略してWikipediaの記事に任せています。本書中の語彙や表記は、変更すべき理由が特にない限り、Wikipediaの記述と一致するようにしています†。他に有用だったのはWolfram MathWorldと、Redditの統計フォーラム http://www.reddit.com/r/statistics です。

## コードを使う

本書中のプログラムコードとデータは、GitHub（https://github.com/AllenDowney/ThinkStats2）で入手できます。Gitは、バージョン管理システムでプロジェクトを構成するファイルの追跡管理ができます。Git管理下のファイルのコレクションはリポジトリ（repository）と呼ばれます。GitHubは、Gitリポジトリのためのストレージと便利なウェブインターフェイスを提供するホスティングサービスです。

本書のリポジトリのGitHubページでは、次のようなことができます。

- ForkボタンをGitHubに本書のリポジトリのコピーを作ることができる。まだGitHubのアカウントを持っていない場合は、作る必要がある。フォークすれば、GitHub上に自分のリポジトリができるので、本書で勉強しながら自分で書いたプログラムを追跡できる。それから、`clone`コマンドで手元のコンピュータにファイルをコピーすることもできる。

- 本書のリポジトリのクローンを作ることもできる。GitHubアカウントがな

---

† 訳注：日本語のWikipediaは英語のWikipediaの翻訳ではない。したがって、本訳書では、日本語で参照できるところは日本語、英語でしか参照できないところは英語、さらに、相違のある場合は、その旨を訳注で示す。

くてもできるが、その場合は、書いた変更をGitHubに戻すことができない。

- Gitを使わない場合は、GitHubページの右下にあるDownload ZIPというボタンを押してZip形式でファイルをダウンロードすることもできる。

すべてのプログラムは、Python 2とPython 3の両方で変換なしに動くよう書いてあります。

本書では、Continuum Analytics社のAnacondaを使いました。これは、本書のプログラムを動かすのに必要なすべてのもの（それに加えて他の）パッケージも備えた無料のPythonディストリビューションです。Anacondaはインストールが容易です。デフォルトではユーザレベルのインストールで、システムレベルでのインストールではないので、管理者権限は必要ありません。Python 2とPython 3をサポートしています。Anacondaは、http://continuum.io/downloads からダウンロードできます。

Anacondaを使わない場合は、手動で次のパッケージのインストールが必要です。

- データを表現し分析するpandas（http://pandas.pydata.org/）
- 基本数値計算のNumPy（http://www.numpy.org/）
- 統計を含めた科学計算のSciPy（http://www.scipy.org）
- 回帰その他の統計解析のStatsModels（http://statsmodels.sourceforge.net/）
- 可視化のためのmatplotlib（http://matplotlib.org/）

これらは、よく使われるパッケージですが、すべてのPythonディストリビューションに含まれているわけではなく、環境によってはインストールが困難です。これらのインストールがうまくいかない場合には、Anacondaやこれらのパッケージを含むPythonディストリビューションを使うことを強く勧めます。

リポジトリをクローンするか、zipファイルを解凍すると、ThinkStats2/codeというフォルダにnsfg.pyというファイルがあるはずです。これを実行すると、データファイルを読み、テストを実行して、「All tests passed.」というメッセージが出力されます。インポートエラーが出るなら、まだインストールの必要のあるパッケージが

残っているということでしょう。

ほとんどの演習問題で、Python スクリプトを使いますが、IPython Notebook を使うものもあります。これまでに IPython Notebook を使ったことがないなら、http://ipython.org/ipython-doc/stable/notebook/notebook.html を読むことを勧めます。

本書は、読者が Python の基本を、オブジェクト指向機能を含めてよく知っているけれども、pandas, NumPy, SciPy については知らないと仮定しています。これらのモジュールについて詳しいなら、関係する節は飛ばしてもかまいません。

数学の基本も、例えば対数や総和はわかっていると仮定しています。代数や微積分の概念を何箇所かで使っていますが、実際にそういう数学に取り組む必要はありません。

これまでに統計の勉強をしたことがないなら、本書は良い入門書になります。従来の伝統的な統計の授業を受けたことがあるなら、本書がダメージ回復の手助けになると思います。

## 貢献してくださった方々

訂正やご提案は downey@allendowney.com までメールを送ってください。あなたの意見が採用された暁には、（名前を出したくない場合を除き）ぜひ以下の貢献者リストにあなたの名前を加えさせていただきたいと思います。

訂正の際には、その間違った部分が含まれる文章の一部を送っていただければ、該当個所を探すのが楽になるので助かります。ページ番号や節番号も助けにはなりますが、それだけでは困ることがあるかもしれません。ご理解いただければ幸いです。

- Lisa Downey と June Downey は初期の原稿を読んで多くの訂正と提案をくれた。
- Steven Zhang はいくつかの間違いを発見してくれた。
- Andy Pethan と Molly Farison は解答のいくつかのデバッグを手伝ってくれ、Molly は誤植も指摘してくれた。
- Andrew Heine は私の誤差関数の間違いを発見してくれた。
- Nikolas Akerblom 博士はヒラコテリウムの実際の大きさについて教えてく

れた。

- Alex Morrow はサンプルコードの 1 つをより明快な形にしてくれた。

- Jonathan Street は校了直前に間違いを発見してくれた。

- Gábor Lipták は本書とリレーレース問題の解答の誤植を指摘してくれた。

- Kevin Smith と Tim Arnold には、私が本書を DocBook に変換するときに必要となった plasTeX の作業について多大な感謝をしたい。

- George Caplan はあいまいな部分を明快にするためのいくつかの提案を送ってくれた。

- Julian Ceipek はエラーや誤植を見つけてくれた。

- Stijn Debrouwere, Leo Marihart III, Jonathan Hammler, Kent Johnson は初版印刷本のエラーを見つけてくれた。

- Dan Kearney は誤植を見つけてくれた。

- Jeff Pickhardt はリンクが切れているのと誤植とを見つけてくれた。

- Jörg Beyer は本の誤植とコードの多数の doc 文字列の修正をしてくれた。

- Tommie Gannert は多数の修正のパッチファイルを送ってくれた。

- Alexander Gryzlov は演習問題の改訂を示唆してくれた。

- Martin Veillette はピアソンの相関係数の公式の 1 つの間違いを報告してくれた。

- Christoph Lendenmann はいくつかの間違いを教えてくれた。

- Haitao Ma は誤植に気付いて指摘を送ってくれた。

- Michael Kearney は多くの優れた示唆をくれた。

- Alex Birch は多くの有用な示唆をくれた。

- Lindsey Vanderlyn, Griffin Tschurwald, Ben Small は本書の草稿を読んで

多くのエラーを見つけてくれた。

- John Roth, Carol Willing, Carol Novitsky は技術的なところを見てくれて、多くのエラーを見つけ、有用な示唆をたくさんくれた。
- Rohit Deshpande は書式のエラーを見つけてくれた。
- David Palmer は多くの有用な示唆と修正をくれた。
- Erik Kulyk はたくさんの誤植を見つけてくれた。
- Nir Soffer は、本とコードの両方に優れた pull リクエストをくれた。
- Joanne Pratt は、10 倍違っていた数を見つけてくれた。
- GitHub ユーザの flothesof は多くの修正を送ってくれた。
- 黒川利明は、本書の翻訳に携わり、多くの修正と示唆を送ってくれた。

## 本書の表記法

本書では、次のような表記法を使います。

**ゴシック（サンプル）**
新しい用語を示す。

**等幅（`sample`）**
プログラムリストに使われるほか、本文中でも変数、関数、データベース、データ型、環境変数、文、キーワードなどのプログラムの要素を表すために使う。

**太字の等幅（`sample`）**
ユーザが文字どおりに入力すべきコマンド、その他のテキストを表す。

**斜体の等幅（`sample`）**
ユーザが実際の値に置き換えて入力すべき部分、コンテキストによって決まる値に置き換えるべき部分、プログラム内のコメントを表す。

## 問い合わせ先

本書に関するご意見、ご質問などは、出版社にお送りください。

　　株式会社オライリー・ジャパン
　　電子メール japan@oreilly.co.jp

本書には、正誤表、追加情報を提供するウェブページがあります。http://www.oreilly.co.jp/books/9784873117355/ からアクセスできます[†]。

---

[†] 訳注：GitHub の issue でも誤植を含めて、議論が展開されている。また、最新のテキストのソースも掲載されている。

# 目　次

はじめに ............................................................................................... v

| 1 章 | 探索的データ解析 ........................................................ 1 |
|---|---|
| | 1.1　統計的なアプローチ ............................................................ 2 |
| | 1.2　全米世帯動向調査 ................................................................ 3 |
| | 1.3　データのインポート ............................................................ 4 |
| | 1.4　DataFrame ........................................................................... 5 |
| | 1.5　変数 ...................................................................................... 7 |
| | 1.6　変換 ...................................................................................... 9 |
| | 1.7　検証 .................................................................................... 10 |
| | 1.8　解釈 .................................................................................... 12 |
| | 1.9　演習問題 ............................................................................ 13 |
| | 1.10　用語集 .............................................................................. 15 |

| 2 章 | 分布 ............................................................................. 17 |
|---|---|
| | 2.1　ヒストグラム .................................................................... 17 |
| | 2.2　ヒストグラムを表現する ................................................ 18 |
| | 2.3　ヒストグラムをプロットする ........................................ 19 |
| | 2.4　NSFG 変数 ......................................................................... 19 |
| | 2.5　外れ値 ................................................................................ 22 |
| | 2.6　第一子 ................................................................................ 23 |
| | 2.7　分布を要約する ................................................................ 25 |

|  |  |  |  |
|---|---|---|---|
|  | 2.8 | 分散 | 26 |
|  | 2.9 | 効果量 | 27 |
|  | 2.10 | 結果のレポート | 28 |
|  | 2.11 | 演習問題 | 28 |
|  | 2.12 | 用語集 | 30 |
| **3章** | **確率質量関数** | | **33** |
|  | 3.1 | Pmf | 33 |
|  | 3.2 | PMFをプロットする | 35 |
|  | 3.3 | その他の可視化 | 36 |
|  | 3.4 | クラスサイズのパラドックス | 38 |
|  | 3.5 | DataFrameのインデックス処理 | 41 |
|  | 3.6 | 演習問題 | 43 |
|  | 3.7 | 用語集 | 45 |
| **4章** | **累積分布関数** | | **47** |
|  | 4.1 | PMFの限界 | 47 |
|  | 4.2 | パーセンタイル | 48 |
|  | 4.3 | 累積分布関数（CDF） | 50 |
|  | 4.4 | CDFの表現 | 51 |
|  | 4.5 | CDFを比較する | 53 |
|  | 4.6 | パーセンタイル派生統計量 | 54 |
|  | 4.7 | 乱数 | 54 |
|  | 4.8 | パーセンタイル順位を比較する | 56 |
|  | 4.9 | 演習問題 | 57 |
|  | 4.10 | 用語集 | 58 |
| **5章** | **分布をモデル化する** | | **59** |
|  | 5.1 | 指数分布 | 59 |
|  | 5.2 | 正規分布 | 62 |
|  | 5.3 | 正規確率プロット | 64 |
|  | 5.4 | 対数正規分布 | 67 |

|       | 8.2  | 分散を予測する ............................................................................ 109 |
|       | 8.3  | 標本分布 ........................................................................................ 111 |
|       | 8.4  | 標本バイアス ................................................................................ 114 |
|       | 8.5  | 指数分布 ........................................................................................ 115 |
|       | 8.6  | 演習問題 ........................................................................................ 117 |
|       | 8.7  | 用語集 ............................................................................................ 117 |

## 9章　仮説検定 ................................................................................ 119

|       | 9.1  | 古典的仮説検定 ............................................................................ 119 |
|       | 9.2  | HypothesisTest ............................................................................ 120 |
|       | 9.3  | 平均の差を検定する ..................................................................... 123 |
|       | 9.4  | 他の検定統計量 ............................................................................ 125 |
|       | 9.5  | 相関を検定する ............................................................................ 126 |
|       | 9.6  | 割合を検定する ............................................................................ 127 |
|       | 9.7  | カイ二乗検定 ................................................................................ 128 |
|       | 9.8  | 第一子についてもう一度 .............................................................. 129 |
|       | 9.9  | 誤り ................................................................................................ 131 |
|       | 9.10 | 検出力 ............................................................................................ 132 |
|       | 9.11 | 再現 ................................................................................................ 133 |
|       | 9.12 | 演習問題 ........................................................................................ 134 |
|       | 9.13 | 用語集 ............................................................................................ 135 |

## 10章　線形最小二乗法 ................................................................... 137

|       | 10.1 | 最小二乗適合 ................................................................................ 137 |
|       | 10.2 | 実装 ................................................................................................ 138 |
|       | 10.3 | 残差 ................................................................................................ 140 |
|       | 10.4 | 推定 ................................................................................................ 141 |
|       | 10.5 | 適合度 ............................................................................................ 144 |
|       | 10.6 | 線形モデルの検定 ........................................................................ 145 |
|       | 10.7 | 重み付けリサンプリング ............................................................. 148 |
|       | 10.8 | 演習問題 ........................................................................................ 150 |
|       | 10.9 | 用語集 ............................................................................................ 150 |

|  |  |  |
|---|---|---|
| 5.5 | パレート分布 | 69 |
| 5.6 | 乱数の生成 | 72 |
| 5.7 | モデルが何の役に立つの？ | 72 |
| 5.8 | 演習問題 | 73 |
| 5.9 | 用語集 | 75 |

## 6章　確率密度関数　77

|  |  |  |
|---|---|---|
| 6.1 | PDF | 77 |
| 6.2 | カーネル密度推定 | 80 |
| 6.3 | 分布のフレームワーク | 81 |
| 6.4 | Hist 実装 | 82 |
| 6.5 | Pmf 実装 | 83 |
| 6.6 | Cdf 実装 | 84 |
| 6.7 | モーメント | 85 |
| 6.8 | 歪度 | 87 |
| 6.9 | 演習問題 | 90 |
| 6.10 | 用語集 | 91 |

## 7章　変数間の関係　93

|  |  |  |
|---|---|---|
| 7.1 | 散布図 | 93 |
| 7.2 | 関係を特徴付ける | 96 |
| 7.3 | 相関 | 98 |
| 7.4 | 共分散 | 98 |
| 7.5 | ピアソンの相関 | 99 |
| 7.6 | 非線形関係 | 101 |
| 7.7 | スピアマンの順位相関 | 101 |
| 7.8 | 相関と因果 | 103 |
| 7.9 | 演習問題 | 10 |
| 7.10 | 用語集 | 10 |

## 8章　推定　10

|  |  |  |
|---|---|---|
| 8.1 | 推定ゲーム | |

## 11章 回帰 ..... 151
- 11.1 StatsModels ..... 152
- 11.2 重回帰 ..... 153
- 11.3 非線形関係 ..... 156
- 11.4 データマイニング ..... 157
- 11.5 予測 ..... 159
- 11.6 ロジスティック回帰 ..... 161
- 11.7 パラメータを推定する ..... 163
- 11.8 実装 ..... 164
- 11.9 正確度 ..... 166
- 11.10 演習問題 ..... 167
- 11.11 用語集 ..... 168

## 12章 時系列分析 ..... 171
- 12.1 インポートとクリーニング ..... 171
- 12.2 プロット ..... 173
- 12.3 線形回帰 ..... 175
- 12.4 移動平均 ..... 178
- 12.5 欠損値 ..... 180
- 12.6 系列相関 ..... 182
- 12.7 自己相関 ..... 183
- 12.8 予測 ..... 185
- 12.9 自習用参考文献 ..... 189
- 12.10 演習問題 ..... 190
- 12.11 用語集 ..... 191

## 13章 生存分析 ..... 193
- 13.1 生存曲線 ..... 193
- 13.2 ハザード関数 ..... 196
- 13.3 生存曲線を推論する ..... 197
- 13.4 カプラン・マイヤー推定 ..... 198
- 13.5 結婚曲線 ..... 199

| 13.6 | 生存曲線を推定する | 201 |
| 13.7 | 信頼区間 | 202 |
| 13.8 | コホート効果 | 204 |
| 13.9 | 外挿 | 207 |
| 13.10 | 期待残存生存期間 | 208 |
| 13.11 | 演習問題 | 212 |
| 13.12 | 用語集 | 212 |

## 14章　統計解析手法 ... 215

| 14.1 | 正規分布 | 215 |
| 14.2 | 標本分布 | 217 |
| 14.3 | 正規分布を表現する | 218 |
| 14.4 | 中心極限定理 | 219 |
| 14.5 | CLTを試す | 220 |
| 14.6 | CLTを適用する | 223 |
| 14.7 | 相関検定 | 225 |
| 14.8 | カイ二乗検定 | 227 |
| 14.9 | 議論 | 228 |
| 14.10 | 演習問題 | 229 |

索引 ... 233

訳者あとがき ... 243

# 1章
# 探索的データ解析

　本書で示すのは、データと実際に使える手法を組み合わせれば、不確実な状況下でも疑問に答え、意思決定をガイドできるということです。

　例として、私の妻が妊娠して初めての子供を授かるというときに受けた質問、「第一子の出産は、予定日よりも遅れることが多いか」についてケーススタディを行いましょう。

　Googleでこの質問をすると、さまざまな議論があることに気付きます。そのとおりと主張する人もいれば、俗説にすぎないという人もいますし、さらに、第一子の出産は予定日よりも早まると、反対のことを主張する人もいます。

　こうした議論の多くでは、主張を裏付けるデータが提示されています。中でも次のような例をよく目にしました。

> 「第一子を出産した友達が2人いるが、2人とも予定日よりも約2週間遅れて出産、あるいは人工分娩をした」

> 「私の第一子は予定日よりも2週間遅れたが、今度生まれる第二子は2週間ほど早まりそうだ!」

> 「姉は第一子だったが予定日より早く生まれた。私の従兄弟の多くも早く生まれている。第一子が予定日より遅いなんてあり得ない」

　こういった報告は、未公表の、たいていは個人的な経験のデータに基づいていることから、**事例証拠**（anecdotal evidence）と呼ばれます。雑談なら、事例の逸話に問題はないので、上の例に挙げた人たちをとやかく言うつもりはありません。

しかし、説得力のある証拠、そして信頼性の高い結論が必要となる場合もあります。そのような基準を設けた場合は、事例証拠は次のような理由で失格です。

**小さすぎる標本数（small number of observations）**
　第一子の妊娠期間が長くなったとしても、その差は自然な変動幅よりもおそらく小さいでしょう。その場合、実際に違いを確かめるには、数多くの妊娠で比較しなければならないでしょう。

**選択バイアス（selection bias）**
　この問題の議論に参加している人たちは、自分の第一子が予定日よりも遅れたので関心を持っているのかもしれません。その場合、このデータ選択方法が結果をゆがめています。

**確証バイアス（confirmation bias）**
　この説を信じる人は、これを支持するような例を提供してしまうものです。この説に疑いを持っている人は、反例を引用することが多いでしょう。

**不正確さ（inaccuracy）**
　事例証拠は個人的経験に基づく話であることが多く、思い違いや事実誤認を含むことや、不正確に繰り返されることが多いものです。

それでは、どうすればよいのでしょうか？

## 1.1　統計的なアプローチ

事例証拠のはらむ問題を解消するために、統計という道具を使いましょう。次に挙げるようなものがあります。

**データ収集（data collection）**
　本書では米国民に関して統計的に妥当な推計を行う目的のために実施された、大規模な全米調査のデータを利用します。

**記述統計学（descriptive statistic）**
　データの特性を簡潔に示すような統計値を求め、データ可視化のためのさまざ

な方法を評価します。

**探索的データ解析**（exploratory data analysis）
対象としている問題に対して有用なデータのパターンや差やその他の特徴を探します。それと同時にデータの一貫性や限界についてもチェックします。

**推定**（estimation）
標本から得られたデータを使用して、母集団の特徴を推定します。

**仮説検定**（hypothesis testing）
例えば、2つの集団間での差といった効果が見られたとき、その効果が偶然に生じたものでないかどうかを評価します。

落とし穴にはまらないよう気を付けて、上に挙げた手順を進めることで、より正当で、より正確な結論に到達できます。

## 1.2　全米世帯動向調査

1973年以来、疾病管理予防センター（Centers for Disease Control and Prevention、CDC）は、全米世帯動向調査（National Survey of Family Growth、NSFG）を実施して「家族生活、結婚、離婚、妊娠、不妊症、避妊、男性および女性の健康に関する情報」を集めています。この調査の結果は「公共の医療サービス、衛生教育を計画し、世帯、出生率、健康についての統計的調査を実施」するために使われます。http://www.cdc.gov/nchs/nsfg.htm を参照してください。

この調査で集めたデータを使用して、第一子は予定日よりも遅れるものなのかを調べて、他の疑問にも答えます。データを効果的に使うために、この調査の設計がどうなっているのかを理解する必要があります。

NSFGは**横断的調査**（cross-sectional study）です。つまり、ある時点における集団のスナップショットを捕捉しています。もう1つの、一般的な調査手法は、長期的にある集団を繰り返し観察する**縦断的調査**（longitudinal study）です。

NSFGは過去に7回実施されており、それぞれの調査は**サイクル**（cycle）と呼ばれます。ここでは、2002年1月から2003年3月にかけて実施されたサイクル6のデータを使用します。

調査の目的は、**母集団**（population）について結論を導くことです。NSFGの調

査母集団は、米国の 15 〜 44 歳です。理想的には、調査は母集団の全員からデータを回収しますが、これはほとんど不可能です。その代わりに、**標本**（sample）と呼ぶ母集団の部分集合からデータを集めます。調査に参加する人たちは**回答者**（respondents）と呼ばれます。

一般的に横断的調査は**代表的**（representative）であるべきです。つまり、母集団のどのメンバーも調査対象となる機会が均等であるという意味です。この理想は、現実に達成することが難しいのですが、調査を実施する人々は可能な限りこの条件を満たそうとします。

NSFG は代表的ではありません。そうではなくて、意図的に**オーバーサンプリング**（oversampling）しています。この調査を設計した人たちは、ラテンアメリカ系アメリカ人（ヒスパニック）、アフリカ系アメリカ人、10 代の若者たち、という 3 集団を米国の人口に占める割合より多く採用しています。オーバーサンプリングの理由は、これらの集団の回答者数を、統計上有効な推計を導き出せるだけの十分な人数にするためです。

もちろん、オーバーサンプリングには欠点もあります。該当調査の統計に基づく一般母集団についての結論は容易には導き出せません。この点については、後ほど考察します。

この種のデータを扱うときには、**コードブック**（codebook）をよく読んでおくことが重要です。これは、調査設計、調査質問、回答の符号化を記述した文書です。NSFG データのコードブックと利用者の手引は、http://www.cdc.gov/nchs/nsfg/nsfg_cycle6.htm から入手できます。

## 1.3 データのインポート

本書で使うプログラムコードとデータは、https://github.com/AllenDowney/ThinkStats2 から入手できます。ダウンロードやプログラムの扱い方については、viii ページの「**コードを使う**」を参照してください。

コードをダウンロードしたら、ThinkStats2/code/nsfg.py というファイルがあるはずです。これを実行すると、データファイルを読み込んで、テストをしてから、「All tests passed（全テスト通過）」というメッセージが出力されるはずです。

何が起こっているか見てみましょう。NSFG サイクル 6 の妊娠データは、2002FemPreg.dat.gz というファイルにあります。これはカラムが固定幅のプレーン

テキストファイル（ASCII）を gzip 圧縮したファイルです。ファイルの各行が 1 つのレコード（record）で、1 つの妊娠についてのデータを表します。

ファイルフォーマットは、Stata 辞書ファイル形式の 2002FemPreg.dct に文書化されています。Stata は商品として販売されている統計ソフトのシステムです。この文脈での「辞書（dictionary）」とは、変数名、型、インデックスのリストです。インデックスは、行のどこに変数（の値）があるかを示します。

例えば、2002FemPreg.dct には次のような行があります。

```
infile dictionary {
  _column(1)  str12  caseid    %12s  "RESPONDENT ID NUMBER"
  _column(13) byte   pregordr  %2f   "PREGNANCY ORDER (NUMBER)"
}
```

この辞書は次の 2 変数を記述しています。caseid は、回答者 ID を表す 12 文字の文字列です。pregordr は、この回答者の何回目の妊娠かを示す 1 バイト整数です。

ダウンロードしたコードには、thinkstats2.py モジュールが含まれています。この Python モジュールには、本書で使う多数のクラスや関数に加えて、Stata 辞書や NSFG データファイルを読む関数も含まれています。nsfg.py でこのモジュールがどう使われているかを次に示します。

```
def ReadFemPreg(dct_file='2002FemPreg.dct',
                dat_file='2002FemPreg.dat.gz'):
    dct = thinkstats2.ReadStataDct(dct_file)
    df = dct.ReadFixedWidth(dat_file, compression='gzip')
    CleanFemPreg(df)
    return df
```

ReadStataDct は、辞書ファイルの名前を取り、辞書ファイルからの情報を持った FixedWidthVariables オブジェクト、dct を返します。dct には、データファイルを読む ReadFixedWidth があります。

## 1.4 DataFrame

ReadFixedWidth の結果は、本書で使う Python データ・統計パッケージ pandas が提供する基本データ構造 DataFrame です。DataFrame は各レコードを表す行と各変数を表すカラムからなります。この例の場合には、妊娠ごとに行があります。

DataFrameにはデータだけでなく、変数名とその型が含まれ、データにアクセスして変更するメソッドも提供します。

dfを出力すると、中身の行とカラムが表示されます。また、DataFrameの形状、すなわち全体が13593行（レコード）と244カラム（変数）からなるということが分かります。

```
>>> import nsfg
>>> df = nsfg.ReadFemPreg()
>>> df
...
[13593 rows x 244 columns]
```

DataFrameは、すべてを表示するには大きすぎるので、出力は一部省略されます。属性columnsは、Unicode文字列でカラム名の並びを返します。

```
>>> df.columns
Index([u'caseid', u'pregordr', u'howpreg_n', u'howpreg_p', ... ])
```

結果は、pandasデータ構造のIndexです。Indexについては後でもっと学びますが、とりあえずは、リストのように取り扱いましょう。

```
>>> df.columns[1]
'pregordr'
```

DataFrameのカラムにアクセスするには、カラム名をキーとして使います。

```
>>> pregordr = df['pregordr']
>>> type(pregordr)
<class 'pandas.core.series.Series'>
```

結果は、もう1つのpandasデータ構造であるSeriesです。Seriesは、Pythonのリストにいくつかの機能が追加されたようなものです。Seriesを出力すると、インデックスと対応する値が得られます。

```
>>> pregordr
0    1
1    2
2    1
3    2
```

```
...
13590    3
13591    4
13592    5
Name: pregordr, Length: 13593, dtype: int64
```

この例では、インデックスが 0 から 13592 までの整数ですが、一般には、ソート可能な型を使うことができます。要素もここでは整数ですが、どんな型でも大丈夫です。

最後の行には、変数名、Series の長さ、データ型が含まれています。`int64` は、NumPy での型です。このプログラムを 32 ビットコンピュータで実行すると、`int32` になります。

整数のインデックスとスライスとを使って Series の要素にアクセスできます。

```
>>> pregordr[0]
1
>>> pregordr[2:5]
2    1
3    2
4    3
Name: pregordr, dtype: int64
```

インデックスアクセスの結果は `int64` です。スライスの結果は別の Series です。

ドット表記を使って DataFrame のカラムにアクセスできます。

```
>>> pregordr = df.pregordr
```

この表記は、カラム名が正しい Python 識別子のときだけ働きます。すなわち、文字で始め空白は使えないなどの制限を満たす必要があります。

## 1.5 変数

NSFG データセットで、caseid と pregordr という 2 変数がすでに登場しました。全部で 244 の変数があります。本書では、次のような変数を使います。

caseid
　回答者の整数の ID。

prglength
: 整数の週単位で表した妊娠期間。

outcome
: 妊娠結果を表す整数の符号。1は生児出生を意味する。

pregordr
: 妊娠順序の数。例えば、回答者の最初の妊娠は1、2回めの妊娠は2などという符号化である。

birthord
: 生児出生の場合の出生順序の整数。符号化は回答者の第一子を1という具合である。生児出生でない場合、このフィールドは空白となる[†]。

birthwgt_lb と birthwgt_oz
: 新生児の出生時体重のポンド部分とオンス部分からなる。

agepreg
: 妊娠終了時の母親の年齢。

finalwgt
: 回答者に関連付けられた統計上の重み。回答者が属している米国の集団内の人数を表した浮動小数点数値となる。

コードブックをよく読むと、こうした変数のほとんどは**再符号化**（recode）されたものであることがわかります。つまり、調査によって収集された**生データ**（raw data）ではなく、生データを用いて算出された値です。

例えば、生児出生の場合の prglength は、生変数 wksgest（懐胎週）があるならそれと等しくなりますが、そうでない場合には、mosgest*4.33（懐胎月数に1ヶ月の平均週数である4.33を掛ける）で推定しています。

再符号化は、データの整合性と正確さをチェックするロジックに基づいています。一般的に、特別な理由がない限りは、使える限りは再符号化されたデータを用いるのがよいでしょう。

---

[†] 訳注：Pythonを使って、先ほどのnsfg.ReadFemPreg()で見れば、NaNになっている。

## 1.6 変換

　このようなデータをインポートするとき、エラーがないか調べ、特別な値を処理し、データを異なったフォーマットに変換し、計算する必要がよくあります。これらの操作は、**データクリーニング**（data cleaning）と呼ばれます。

　nsfg.py には、これから使う変数をデータクリーニングする関数 CleanFemPreg があります。

```
def CleanFemPreg(df):
    df.agepreg /= 100.0

    na_vals = [97, 98, 99]
    df.birthwgt_lb.replace(na_vals, np.nan, inplace=True)
    df.birthwgt_oz.replace(na_vals, np.nan, inplace=True)

    df['totalwgt_lb'] = df.birthwgt_lb + df.birthwgt_oz / 16.0
```

　agepreg は、妊娠終了時の母親の年齢です。データファイルでは、agepreg は、センチ年を単位とする整数で符号化されています。したがって、1 行目で agepreg の要素を 100 で割って、年を単位とする浮動小数点数にします。

　birthwgt_lb と birthwgt_oz は生児出生した妊娠について新生児の体重をポンドとオンスで含みます。さらに、特別な符号がいくつかあります。

```
97 NOT ASCERTAINED （未確認）
98 REFUSED （拒絶）
99 DON'T KNOW （不明）
```

　数値符号での特別な値には危険があります。適切に扱わないと、99 ポンドの赤ちゃんのような、偽のいかがわしい結果を生み出すからです。メソッド replace は、これらの値を「数でない」ということを表す特別な浮動小数点数 np.nan で置き換えます。フラグ inplace は、現在の Series を置き換え、新たには作らないよう指示します。

　IEEE 標準では、すべての数学演算は、引数のいずれかが nan なら、値として nan を返します。

```
>>> import numpy as np
>>> np.nan / 100.0
nan
```

したがって、nan の計算はちゃんとしていますし、pandas のほとんどの関数は nan を適切に処理します。欠損値はまた別の問題になります。

CleanFemPreg の最終行では、ポンドとオンスを合わせて、ポンドでの単一量にした新カラム totalwgt_lb を作っています。

**重要な注意**：DataFrame に新たなカラムを追加するには、次のような辞書構文を使わなければなりません。

```
# CORRECT
df['totalwgt_lb'] = df.birthwgt_lb + df.birthwgt_oz / 16.0
```

次のようなドット表記を使ってはいけません。

```
# WRONG!
df.totalwgt_lb = df.birthwgt_lb + df.birthwgt_oz / 16.0
```

ドット表記だと、DataFrame オブジェクトに属性を追加しますが、この属性は、新たなカラムとしては扱われません。

## 1.7　検証

データが、あるソフトウェア環境から、別のソフトウェア環境にインポートされるとき、エラーが紛れ込むことがあります。新たなデータセットに慣れてきたときにもデータを不正確に解釈したり、誤解してしまう危険性があります。データを確認・検証することで、あとの処理にかかる時間やエラーをなくすことができます。

データ検証の 1 つの方法は、基本統計量を計算して、公表されている結果と突き合わせることです。例えば、NSFG コードブックには、各変数を要約した表があります。次の表は、妊娠の結果を符号化した outcome の内容です。

```
value label                          Total
1 LIVE BIRTH     （生児出生）          9148
2 INDUCED ABORTION   （人工流産）      1862
3 STILLBIRTH（死産）                   120
4 MISCARRIAGE（流産）                 1921
5 ECTOPIC PREGNANCY（子宮外妊娠）      190
6 CURRENT PREGNANCY（妊娠中）         352
```

クラス Series には、各値の出現回数を数えるメソッド value_counts があります。

DataFrameからSeriesオブジェクトoutcomeを選べば、value_countsを使って公表されたデータと比較できます。

```
>>> df.outcome.value_counts().sort_index()
1    9148
2    1862
3     120
4    1921
5     190
6     352
```

value_countsの結果はSeriesオブジェクトです。sort_indexは、インデックス順にソートするので、値が順に出力されます。

公表された表と結果を比べると、outcomeの値は正しいようです。同様に、birthwgt_lbの表は次のようだと公表されています。

```
value label          Total
.     INAPPLICABLE    4449
0-5   UNDER 6 POUNDS  1125
6     6 POUNDS        2223
7     7 POUNDS        3049
8     8 POUNDS        1889
9-95  9 POUNDS OR MORE 799
```

値を数えた結果は次のようになります。

```
>>> df.birthwgt_lb.value_counts().sort_index()
0        8
1       40
2       53
3       98
4      229
5      697
6     2223
7     3049
8     1889
9      623
10     132
11      26
12      10
13       3
```

```
14     3
15     1
51     1
```

6、7、8 ポンドでの結果は合っていますし、0〜5 と 9〜95 の個数をそれぞれ足し合わせると、それらもあっています。しかし、細かく見れば、データのエラーがわかります。51 ポンドの新生児はありえません。

このエラーを処理するため、CleanFemPreg に次の一行を追加しました。

```
df.birthwgt_lb[df.birthwgt_lb > 20] = np.nan
```

この命令は、不正値を np.nan で置き換えます。角括弧の式は、論理型の Series で、True は条件が満たされていることを示します。論理型の Series をインデックスに使うと、その条件を満たす要素だけが選ばれます。

## 1.8 解釈

データを効率的に処理するためには、統計のレベルと文脈のレベルという2つのレベルを同時に考える必要があります。

例えば、何人かの回答者の妊娠結果を見てみましょう。データファイルの構成が妊娠単位のため、回答者ごとの妊娠データを集めるには処理が必要です。それを行う関数は次のようになります。

```
def MakePregMap(df):
    d = defaultdict(list)
    for index, caseid in df.caseid.iteritems():
        d[caseid].append(index)
    return d
```

df は妊娠データの DataFrame です。メソッド iteritems が各妊娠のインデックス（行番号）と caseid とを順に処理します。

d は辞書で、caseID をインデックスのリストに対応させます。defaultdict についての詳細は、Python の collections モジュールにあるので調べてみるとよいでしょう。d を使って、回答者からその妊娠のインデックスがわかります。

次の例は、回答者を選んでその妊娠結果のリストを出力します。

```
>>> caseid = 10229
>>> preg_map = MakePregMap(df)
>>> indices = preg_map[caseid]
>>> df.outcome[indices].values
[4 4 4 4 4 4 1]
```

Indices は、回答者 10229 に対応する妊娠のインデックスのリストです。

このリストを df.outcome にインデックスとして渡すと、対応する行を選んで Series にしてくれます。Series の全体を出力する代わりに、NumPy 配列の属性 values を選びました。

結果の符号 1 は、生児出生です。4 は流産、すなわち、自然と終わってしまった妊娠で、通常医学的原因は不明です。

統計的には、この回答者は特別ではありません。流産はよくあることで、もっと回数の多い回答者もいます。

しかし、このデータは、6 回も妊娠し、そのたびに流産になった女性のことを告げています。彼女の 7 回目の妊娠で、無事に赤ちゃんが産まれました。このデータを感情移入して考察すれば、そのストーリーに感動するのは自然なことでしょう。

NSFG データセットの各レコードは、多くの個人的かつ困難な質問に正直に答えてくれた人を表しています。このデータを、家庭生活、出生、健康についての統計的な疑問に答えるために使うことができます。同時に、私たちには、データによって表されている人々のことを考慮して、尊敬と感謝とを捧げる義務があります。

## 1.9 演習問題[†]

### 演習問題 1-1

ダウンロードしたリポジトリの中に IPython Notebook の chap01ex.ipynb という名のファイルがあるはずだ。次のコマンドで、IPython Notebook が起動する[‡]。

```
$ ipython notebook &
```

IPython がインストールされていれば、サーバーがバックグラウンドで起動して、Notebook を閲覧するブラウザが開く。開かない場合は、ブラウザでロードすべき

---

[†] この問題の解答は chap01soln.ipynb にある。
[‡] 訳注：$ は Unix/Linux などでのプロンプトなので入力しない。Windows では、末尾の & は不要で ipython notebook となる。以下も同様である。

URLが打ち出されるはずだ。通常は、http://localhost:8888/ になる。Notebook閲覧ブラウザでは、リポジトリ内のNotebookの一覧が示されるはずだ。IPythonの詳細は、http://ipython.org/ipython-doc/stable/notebook/notebook.html を読むことを勧める。

コマンド行のオプション指定で図が「インライン」で、すなわち、ポップアップウィンドウではなくてNotebookの中に表示することができる†。

```
$ ipython notebook --pylab=inline &
```

chap01ex.ipynbを開きなさい。セルにプログラムが書かれている部分は実行しなさい。空白のセルには指示に従ってプログラムを書き、実行しなさい。

### 演習問題 1-2

chap01ex.pyという名のファイルを作り、回答者ファイル2002FemResp.dat.gzを読み込みなさい。nsfg.pyのコピーを変更して作るのでもかまわない。次の処理をするプログラムを書きなさい。

変数pregnumは、再符号された変数で、回答者が何回妊娠したかを示している。この変数の値の頻度を出力し、NSFGコードブックの公表結果と比較しなさい。

各回答者のpregnumと妊娠ファイルのレコード数とを比較して、回答者と妊娠ファイルの交差検証をすることもできる。

nsfg.MakePregMapを使ってcaseidと妊娠DataFrameへのインデックスとを対応させる辞書を作ることもできる。

### 演習問題 1-3

統計を学ぶ最良の方法は、興味のあるプロジェクトに携わることだ。「第一子は遅れるか」のような質問に興味はあるだろうか。

個人的に興味のある疑問、世間の常識となっている事柄、論争の的、政治的結果につながる疑問などについて考え、その質問を統計的な調査につながるものとして定式化できないか調べなさい。

その疑問に答えることを助けるデータがないか探しなさい。公的調査研究データは

---

† 訳注：最新版のIPythonは、このpylabをサポートしていないのでエラーが出る。代わりに、Notebookのブラウザが開いて、Notebookの閲覧実行のセルの中で、%matplotlib inlineを実行するとよい。pylabは、一部の変数に悪い影響を及ぼすので、使わないほうがいいようだ。

自由に入手できることが多いので、政府機関は優れた情報源である。始めるのによいのは、http://www.data.gov/, http://www.science.gov/、英国では http://data.gov.uk/ などだ†。

お勧めのデータセットとしては、総合的社会調査（General Social Survey）http://www3.norc.org/gss+website と欧州社会調査（European Social Survey）http://www.europeansocialsurvey.org/ の 2 つがある‡。

誰かがすでに疑問に答えている場合には、解答が正当化できるものか綿密に調べなさい。データに欠陥があったり、結論を導いた分析が信頼できないことがある。その場合には、同じデータ、あるいは、より良いデータを探して、異なる分析をしてみることができる。

疑問に関する論文があれば、元データを得られるはずだ。多くの著者がデータをウェブから入手できるようにしているが、重要なデータについては、著者に手紙を書き、どのようにそのデータを使うかの計画を示し、利用に関する条件を受け入れたりする必要がある。根気強くがんばってほしい。

## 1.10 用語集

**事例証拠（anecdotal evidence）**
　　明確に設計された調査ではなく、略式に集められた多くは個人的な証拠。

**母集団（population）**
　　調査の対象となるグループ。「母集団」は人々を指すことが多いが、他の対象を指すのにも使われる。

**横断的調査（cross-sectional study）**
　　特定時点における母集団のデータを収集する調査。

**サイクル（cycle）**
　　横断的調査を繰り返し行う場合、一回の調査をサイクルと呼ぶ。

---

† 訳注：日本では http://www.data.go.jp/。
‡ 訳注：日本だと社会調査・データアーカイブ研究センター http://ssjda.iss.u-tokyo.ac.jp/ が該当するだろうか。

**縦断的調査（longitudinal study）**
ある母集団を長期にわたって、同じグループから繰り返しデータを集める調査。

**レコード（record）**
データセットにおいて、1人の人間やその他の単一調査対象に関する情報をまとめたもの。

**回答者（respondent）**
調査に回答する人。

**標本（sample）**
データ収集に使われる母集団の部分集合。

**代表的（representative）**
標本が代表的とは、母集団の全メンバーが標本となる確率が同じ場合を指す。

**オーバーサンプリング（oversampling）**
標本数の少ないことによる誤差を避けるために、ある特定の部分集団の標本数を多くする手法。

**生データ（rawdata）**
収集、記録された値で、検証、計算、解釈をほとんど、あるいはまったく実施していないもの。

**再符号化値（recode）**
生データに対して計算やその他の論理を適用することで生成された値。

**データクリーニング（data cleaning）**
データの検証、エラーの検査、データ型と表現との変換などを含む過程。

# 2章
# 分布

## 2.1 ヒストグラム

　変数について記述する最良の方法は、データセットに出現する値と、その値の出現回数を報告することです。この記述は、**分布**（distribution）と呼ばれます。

　最も一般的な分布の表現は**ヒストグラム**（histogram）です。ヒストグラムはそれぞれの値の**度数**（frequency）を示すグラフです。この文脈での「度数」は、値が出現する回数です。

　Pythonでは、辞書（ディクショナリ）を使うと効率良く度数が求められます。例えばtというシーケンスが与えられた場合、次のように記述します。

```
hist = {}
for x in t:
    hist[x] = hist.get(x, 0) + 1
```

　結果は値を度数にマップするディクショナリです。collectionsモジュールで定義されているCounterクラスを代わりに使うこともできます。

```
from collections import Counter
counter = Counter(t)
```

　結果はCounterオブジェクトで、ディクショナリの部分クラスです。

　別の方法として、前章で出てきた、pandasのメソッドvalue_countsを使うこともできます。本書では、クラスHistを作りました。これは、ヒストグラムを表現し、その上での操作のメソッドを提供します。

## 2.2 ヒストグラムを表現する

Hist コンストラクタは、シーケンス型、ディクショナリ型、pandas の Series、他の Hist を取ることができます。Hist オブジェクトは次のようにインスタンス化できます。

```
>>> import thinkstats2
>>> hist = thinkstats2.Hist([1, 2, 2, 3, 5])
>>> hist
Hist({1: 1, 2: 2, 3: 1, 5: 1})
```

Hist オブジェクトは、値を取り、度数を返すメソッド Freq を提供します。

```
>>>hist.Freq(2)
2
```

ブラケット演算子でも同じことです。

```
>>> hist[2]
2
```

出現しない値の場合、度数は 0 となります。

```
>>>hist.Freq(4)
0
```

Values は Hist 中の値のリストをソートせずに返します。

```
>>>hist.Values()
[1,5,3,2]
```

値をソート順にループ処理したければ、組み込み関数 sorted を使用します。

```
for val in sorted(hist.Values()):
    print(val, hist.Freq(val))
```

値・度数対のすべてを反復処理するには、Items を使えます。

```
for val, freq in hist.Items():
    print(val, freq)
```

## 2.3　ヒストグラムをプロットする

本書では、Hist や thinkstats2.py の他のオブジェクトをプロットする関数を提供する thinkplot.py というモジュールを用意しました。これは、matplotlib パッケージの一部である pyplot に基づいています。matplotlib のインストールについては、viii ページの「コードを使う」を参照してください。

hist を thinkplot でプロットするには次のようにしてください。

```
>>> import thinkplot
>>> thinkplot.Hist(hist)
>>> thinkplot.Show(xlabel='value', ylabel='frequency')
```

thinkplot についてのドキュメントは、http://greenteapress.com/thinkstats2/thinkplot.html から入手できます[†]。

## 2.4　NSFG 変数

NSFG のデータに戻りましょう。本章のコードは、first.py にあります。コードのダウンロードや扱い方については、viii ページの「コードを使う」を参照してください。

新たなデータセットを扱う場合、お勧めするのは、使う変数を 1 つずつ調べることと、ヒストグラムを作成して眺めることです。

「1.6　変換」では、agepreg の単位を「センチ年」から「年」に変換し、birthwgt_lb と birthwgt_oz を合わせて totalwgt_lb という単一の量にしました。本節では、これらの変数を使ってヒストグラムの特長を示します。

初めに、データを読み込んで、新生児出産のレコードを選びます。

```
preg = nsfg.ReadFemPreg()
live = preg[preg.outcome == 1]
```

角括弧の中の式は、論理型の Series で、DataFrame から行を選び、新たな Data

---

[†]　訳注：関数のソースコードが載っている。モジュールへのリンクは切れている。

Frame を返します。次に、新生児出産の birthwgt_lb のヒストグラムを生成してプロットします。

```
hist = thinkstats2.Hist(live.birthwgt_lb, label='birthwgt_lb')
thinkplot.Hist(hist)
thinkplot.Show(xlabel='pounds', ylabel='frequency')
```

Hist に渡される引数が pandas の Series なら、値が nan のものは個数に入りません。label は、Hist をプロットした図の凡例に使われる文字列を値として持ちます。図 2-1 に結果を示します[†]。最も多く出現する値、**最頻値**（mode、モード）は 7 ポンドです。分布はほぼ釣り鐘（ベル）型で、これは**正規**（normal）分布（**ガウス**（Gaussian）分布とも呼ぶ）の形状です。しかし、本当の正規分布とは異なり、この分布は非対称です。**裾**（tail）が右よりも左に広がっています。

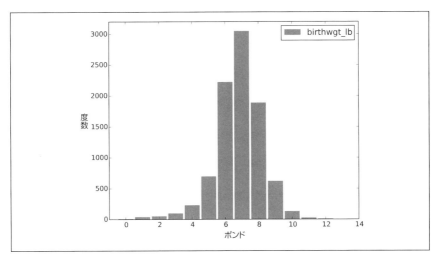

図 2-1　出生時体重のポンド部分のヒストグラム

図 2-2 は、出生時体重のオンス部分である birthwgt_oz のヒストグラムを示します。理論的には、この分布は**一様**（uniform）だと期待されます。すなわち、すべての値が同じ度数であるべきだということです。実際には、0 が一番多い値で、1 と 15

---

[†] 訳注：図 2-1 は、軸の説明をポンドと度数とに訳している。実行プログラム結果は、このままだと、英語のままの pounds と frequency である。この後の、本文のコードと図も同じ関係になる。

が一番少ない値です。理由は、回答者が出生時体重をポンドの整数値に丸めたためでしょう。

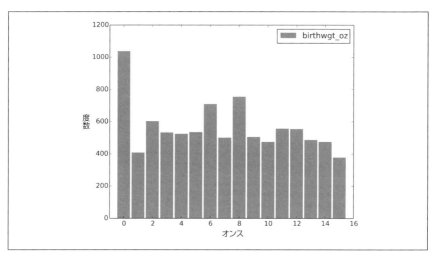

図 2-2　出生時体重のオンス部分のヒストグラム

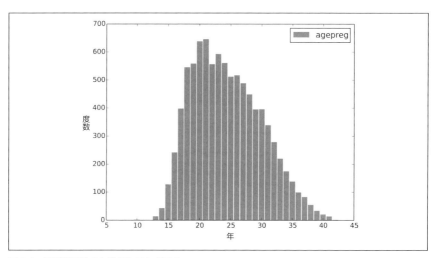

図 2-3　妊娠終了時の年齢のヒストグラム

図2-3は妊娠終了時の母親の年齢、agepregのヒストグラムを示します。最頻値は21歳です。分布はほぼ釣り鐘型ですが、この場合には、裾が左よりも右の方に延びています。ほとんどの母親は20代で、30代は少なくなります。

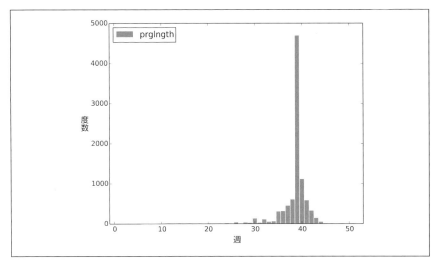

図2-4　週での妊娠期間のヒストグラム

図2-4は妊娠期間を週で数えた、prglngthのヒストグラムを示します。最頻値は39週です。左の裾のほうが右より長くなっています。早産の方が多く、43週を超えることは稀で、その場合には医者が介入することが多いのです。

## 2.5　外れ値

ヒストグラムを見れば、最頻値や分布の形状はたやすくわかります。しかし、稀な値は常に見えているとは限りません。

先に進む前に、**外れ値**（outlier）がないかどうかを確認しましょう。外れ値とは、極端な値で、測定時や記録時のエラーで生じるものか、あるいは稀な事象による正しいデータである場合があります。

HistにはLargestとSmallestというメソッドがあり、整数nを取って、ヒストグラムの中でn番目までの大きいまたは小さい値を返します。

```
for weeks, freq in hist.Smallest(10):
    print(weeks, freq)
```

生児出生の妊娠期間のリストで、小さいほうから10個の値を挙げると [0, 4, 9, 13, 17, 18, 19, 20, 21, 22] です。10週以前[†]の値はエラーですし、30週以降の値はおそらく正しいでしょう。10〜30週は確かなことは言えませんが、いくつかの値はエラーでしょうし、いくつかは早産未熟児を表しているでしょう。

反対側では、大きいほうから値を挙げると、次のようになっています。

| 週数 | 度数 |
| --- | --- |
| 43 | 148 |
| 44 | 46 |
| 45 | 10 |
| 46 | 1 |
| 47 | 1 |
| 48 | 7 |
| 50 | 2 |

ほとんどの医者は、妊娠が42週を超えたら人工分娩を勧めるので、より大きな値は驚きです。特に、50週は医学的にありえません。

外れ値を扱う最良の方法は、「専門知識（domain knowledge）」すなわち、データがどこから来て何を意味するかの情報に依拠することです。また、どのような分析を行いたいと計画しているかにも依存します。

この例では、そもそもの質問とは、第一子は早く（あるいは遅く）産まれるかどうかでした。この質問をするときに、人々は通常満期出産を考えていますから、この分析では27週以降の妊娠に焦点を当てます。

## 2.6　第一子

さあ、これで第一子と第二子以降との妊娠期間の分布の差を比較できます。Birthord を使って生児出生の DataFrame を分割して、ヒストグラムを計算します。

```
firsts = live[live.birthord == 1]
others = live[live.birthord != 1]
```

---

[†] 訳注：初版では20週だった。著者によると、10週台の実例があったために、余裕をみて10週に変更したとのこと。

```
first_hist = thinkstats2.Hist(firsts.prglngth)
other_hist = thinkstats2.Hist(others.prglngth)
```

同一軸上に 2 つのヒストグラムをプロットします。

```
width = 0.45
thinkplot.PrePlot(2)
thinkplot.Hist(first_hist, align='right', width=width)
thinkplot.Hist(other_hist, align='left', width=width)
thinkplot.Show(xlabel='weeks', ylabel='frequency')
```

thinkplot.PrePlot は、プロット対象のヒストグラムの個数を取り、この情報を使って適切な色の集合を選びます。

thinkplot.Hist は、通常は align='center' を使って、棒がその値の中央に来るようにします。この図の場合には、align='right' と align='left' を使って、対応する棒が値の左右に来るようにします。

width=0.45 で、2 つの棒を合わせた幅は 0.9 となり、各対の間に隙間ができます。

最後に、x 軸を調整して 27 週から 46 週のデータだけを示します。**図 2-5** に結果を示します。

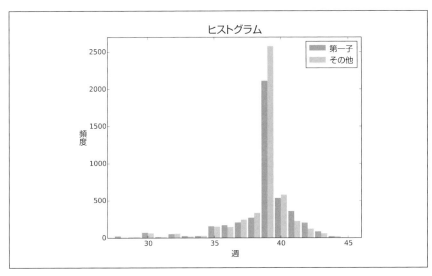

図 2-5　妊娠期間のヒストグラム

ヒストグラムは、度数が見た目ですぐわかるので便利ですが、2つの分布の比較に最適ではありません。この例では、「第一子」の方が「第二子以降」より人数が少ないので、ヒストグラムで見た目の相違のいくつかは標本のサイズに起因するものです。次章では、確率質量関数を使ってこの問題を扱います。

## 2.7 分布を要約する

ヒストグラムは標本の分布の完全な記述です。すなわち、ヒストグラムがあれば、標本の値を（順序までは無理ですが）再構成できます。

分布の詳細が重要であれば、ヒストグラムを提示することが必要ですが、わずかな記述統計量で分布を要約したいこともよくあります。

報告したい特徴のいくつかは次のようなものです。

- 中心傾向（central tendency）　値は特定の点の周りに集まっているか？
- 最頻値（modes）　塊は複数あるか？
- 散らばり（spread）　値の変動はどの程度か？
- 裾（tails）　最頻値から離れると確率がどれぐらい下がるか？
- 外れ値（outliers）　最頻値から離れた極値があるか？

これらの質問に答える統計量は、**要約統計量**（summary statistics）と呼ばれます。一番良く使われる要約統計量は（算術）**平均**（mean）で、分布の中心傾向の記述として用いられます。

$n$ 個の値の標本 $x_i$ が与えられれば、平均 $\bar{x}$ は、値の和を値の個数で割ったものです。すなわち、次のとおりです。

$$\bar{x} = \frac{1}{n}\sum_i x_i$$

普通の英語では、「mean」と「average」を同じ意味で使い、日本語で「平均」と訳しますが、この統計の本では次のように区別して、「算術平均」と「代表値」と訳し分けます。

- 標本の**算術平均**（mean）は、上の式で計算される要約統計量。
- **代表値**（average）は、中心傾向の記述に選ばれる要約統計量のうちの1つ。

算術平均で、値の集合をうまく説明できることもあります。例えば、(少なくともスーパーで売っている) リンゴの大きさはほぼ同じです。そこで、リンゴを6個買って、その総重量が1.5 kgだった場合、1つのリンゴはどれもだいたい250 gだと要約するのは納得できます。

しかし、カボチャでは大きなばらつきがあります。庭でカボチャを栽培しているとします。ある日収穫したカボチャは、観賞用カボチャ3個がそれぞれ1ポンド（約450 g）、パイ用のカボチャ2個はそれぞれ3ポンド、アトランティックジャイアントという品種が1個591ポンドだったとします。この標本の算術平均は100ポンドになりますが、「庭のカボチャ1個の重さはだいたい100ポンドです」と言ったら間違いで誤解を生みます[†]。この例では、典型的なカボチャが庭にないので、意味のある代表値になりません。

## 2.8 分散

カボチャの重量を1つの値で要約できなくても、算術平均に加え、**分散**（variance）という値を使用すると、もう少しうまく表せます。

算術平均は中心傾向を表し、分散はその分布の**散らばり**（spread）を表します。値集合に対する分散は、以下の式で求めます。

$$S^2 = \frac{1}{n} \sum_i (x_i - \bar{x})^2$$

項 $x_i - \bar{x}$ は、「算術平均からの偏差」と呼ばれており、分散はその偏差の二乗を算術平均したものです。この分散の正の平方根 $S$ は、**標準偏差**（standard deviation）と呼ばれます。

過去に統計を学習したことがあれば、分散を求める際に分母を $n$ ではなく $n-1$ にした式を目にしたことでしょう。この統計量は、標本を使って母集団の分散を推定

---

[†] 訳注：アトランティックジャイアントは、Wikipediaによれば1818.5ポンド（824.9 kg）を2011年に記録している。この例は、『統計でウソをつく法』でも引用される値のバラつきが大きい、正規分布に従わない標本の事例である。代表値として、後で出てくる中央値や最頻値を取ればまだましですが6個だけなので、あまりいい値とは言えない。1つの代表値で要約すること自体が不適当である。

するときに使います。詳しくは8章（「**8.2　分散を予測する**」）で説明します。

pandas のデータ構造には、平均、分散、標準偏差を計算するメソッドがあります。

```
mean = live.prglngth.mean()
var = live.prglngth.var()
std = live.prglngth.std()
```

すべての生児出生について、平均妊娠期間は 38.6 週、標準偏差は 2.7 週で、これは 2 〜 3 週の変動が普通であると予期すべきだということです。

妊娠期間の分散は 7.3 ですが、これは、単位が週の 2 乗、つまり「平方週」になることから特に解釈が困難です。分散はある種の計算には有用ですが、要約統計量としては不適です。

## 2.9　効果量

**効果量**（effect size）は、（望んでいる）効果の大きさを記述するための要約統計量です。例えば、2 つのグループの違いを記述するためなら、平均の差を使うのが普通です。

第一子の平均妊娠期間は 38.601 週、第二子以降は、38.523 週です。差は 0.078 週ですから、13 時間です。典型的な妊娠期間に対する割合としては、この差は約 0.2% です。

この推定が正しいとしても、このような差は実用上は意味を持ちません。実際、多数の妊娠を観察しない限り、この差に気付く人は誰もいないでしょう。

効果量を伝える他の方式に、グループ間の差をグループ全体の変動性と比較するやり方があります。コーエンの $d$（Cohen's d）はそのような統計量で、次のように定義されます。

$$d = \frac{\bar{x}_1 - \bar{x}_2}{s}$$

ここで、$\bar{x}_1$ と $\bar{x}_2$ はグループそれぞれの平均、$s$ は「グループ全体の標準偏差」です。コーエンの $d$ を計算する Python コードは次のようになります。

```
def CohenEffectSize(group1, group2):
    diff = group1.mean() - group2.mean()
```

```
    var1 = group1.var()
    var2 = group2.var()
    n1, n2 = len(group1), len(group2)

    pooled_var = (n1 * var1 + n2 * var2) / (n1 + n2)
    d = diff / math.sqrt(pooled_var)
    return d
```

この例では、平均の差が0.029標準偏差となります。これは小さな値です。参考のために述べると、2004年英国での男女の身長差は1.7標準偏差です（https://en.wikipedia.org/wiki/Effect_size 参照）。

## 2.10　結果のレポート

第一子と第二子以降とで妊娠期間の差を（あるとすれば）記述する方法を見てきました。これらの結果をどのように報告するのがよいでしょうか。

答えは、質問者が誰であるかに依存します。科学者なら、どんなに小さくても、何らかの（事実としての）効果に興味を持つでしょう。医師であれば、**臨床的に意義のある**（clinically significant）効果、つまり治療決定に影響するような違いだけに注目するでしょう。妊娠している女性なら、早くまたは遅く出産する確率など、自分に関係のある結果に興味を持つでしょう。

どのように結果を報告するかも、目的に依存します。効果の重要さを強調したいなら、差を強調する要約統計量を選ぶでしょう。不安になっている患者に伝えるのであれば、文脈に沿って理解しやすい統計量を選択するでしょう。

もちろん、決定は職業倫理にそってなされるべきです。説得的であることは許されますが、ストーリーを明確に伝えるような統計報告と可視化を設計すべきです。同時に、報告を正直に行い、不確実なことや限界を認めるべく最大限努力すべきです。

## 2.11　演習問題[†]

### 演習問題2-1

第一子が予定日よりも遅れるかどうかについて、本章の結果に基づいて、学んだことを要約してほしいと頼まれたとする。

夕方のニュースの記事にする場合は、どの要約統計量を使うか。また、不安になっ

---

[†]　演習問題2-2の解答はchap02soln.ipynbに、演習問題2-3と2-4の解答はchap02soln.pyにある。

ている患者に伝える場合は、どの要約統計量を使うか。

最後に、『The Straight Dope』（http://straightdope.com）の回答者セシル・アダムだと仮定して[†]、「第一子は予定日よりも遅れるのか？」という質問に答えることにする。本章の結果を使って、簡潔、正確、的確に答える文章を一段落で作文しなさい。

### 演習問題 2-2

ダウンロードしたリポジトリに chap02ex.ipynb というファイルがあれば、それを IPython Notebook で開きなさい。プログラムが入っているセルは、実行しなさい。空白のセルでは、演習問題の指示がある。指示に従ってプログラムを作り実行しなさい[‡]。

### 演習問題 2-3

この問題を解くプログラムを chap02ex.py という名前のファイルに書きなさい。分布の**最頻値**（モード、mode）とは、最も多く現れる値（Wikipedia の「最頻値」参照[§]）のことだ。Hist オブジェクトを受け取って最頻値を返す関数 Mode を書きなさい。

さらに難しい課題として、Hist オブジェクトを取って度数の降順で値と度数の対からなるリストを返す関数 AllModes を書きなさい。

### 演習問題 2-4

この問題を解くプログラムを chap02ex.py という名前のファイルに書きなさい。変数 totalwgt_lb を用いて、第一子が第二子以降と比べて出生時体重が軽いか重いかを調べなさい。グループ間の相違を定量化するコーエンの $d$ を計算しなさい。妊娠期間での差と比べて、どうだろうか。

---

[†] 訳注：「The Straight Dope」は 1973 年から「シカゴ・リーダー」を含めて全米各紙に連載されている有名な質問コーナー。主に歴史や科学、都市伝説についての読者からの質問に答える。セシル・アダムはその回答者（おそらく架空の人物）で「すべてを知り、決して間違わない」そうだ。

[‡] 訳注：この演習問題で解答 chap02soln.ipynb のように、ヒストグラムのプロットを Notebook 内で表示するには、**演習問題 1-1** の訳注に従う必要がある。また、プログラムのあるセルは実行しておかないと、次の空白セルに正しい答えを書いても、正しい結果が得られないことがある。

[§] 訳注：原文、英語は http://wikipedia.org/wiki/Mode_(statistics)。内容が多少異なる。

## 2.12 用語集

**分布(distribution)**
標本に現われる値とその度数。

**ヒストグラム(histogram)**
値から度数への対応付け、あるいはその対応を示すグラフ。

**度数(frequency)**
標本中に現れる値の個数。

**最頻値、モード(mode)**
標本中で最も度数の高い値、または値の1つ。

**正規分布(normal distribution)**
釣り鐘型の分布の理想型。ガウス(Gaussian)分布とも言う。

**一様分布(uniform distribution)**
すべての値の度数が等しい分布。

**裾(tail)**
分布の値の上または下の端の部分。

**中心傾向(central tendency)**
標本や集団の特徴の1つ。具体的には平均値や代表値のこと。

**外れ値(outlier)**
中心傾向から外れた値のこと。

**散らばり(spread)**
分布において、値がどれだけばらついているかを示す尺度。

**要約統計量(summary statistic)**
分布の特徴を、中心傾向や散らばりのように、定量化する統計量。

**分散(variance)**
散らばりを定量化するためによく使われる要約統計量。

**標準偏差（standard deviation）**
　　分散の平方根で、散らばり具合の尺度としても使われる。

**効果量（effect size）**
　　グループ間の差のような、効果の大きさを定量化するための要約統計量。

**臨床的に意義がある（clinically significant）**
　　グループ間の差といった、実用の役に立つ結果。

# 3章
# 確率質量関数[†]

## 3.1 Pmf

分布を表す別の方法として、**確率質量関数**(probability mass function、PMF)があります。これは各値にその確率を対応付けるものです。**確率**(probability)は、出現度数を標本サイズ $n$ の割合として表したものです。度数から確率を求めるには、$n$ で割ればよいのです。これを**正規化**(normalization)と呼びます。

Hist があれば、各値に確率を対応付けるディクショナリを作成できます。

```
n = hist.Total()
d = {}
for x, freq in hist.Items():
    d[x] = freq / n
```

あるいは、thinkstats2 が提供する Pmf クラスを使うこともできます。Hist 同様、Pmf コンストラクタは、リスト、pandas Series、ディクショナリ、Hist、他の Pmf オブジェクトを取ることができます。単純なリストの例は次のようになります。

```
>>> import thinkstats2
>>> pmf = thinkstats2.Pmf([1, 2, 2, 3, 5])
>>> pmf
Pmf({1: 0.2, 2: 0.4, 3: 0.2, 5: 0.2})
```

Pmf は正規化されているので、全体としての確率は 1 です。

---

[†] 本章のコードは、probability.py にある。コードのダウンロードや扱い方については、viii ページの「コードを使う」を参照してほしい。

Pmf オブジェクトと Hist オブジェクトには共通点が多く、共通親クラスから多くのメソッドを継承しています。一番大きな違いは Hist が値を整数のカウンタ（度数）へ対応付けるのに対し、Pmf が値を浮動小数点数の確率へ対応付けることです。

ある値の確率を求めるには、Prob を使用します。

```
>>>pmf.Prob(2)
0.4
```

ブラケット演算子でも同じです。

```
>>> pmf[2]
0.4
```

ある値の確率を増加させて既存の Pmf オブジェクトを変更できます。

```
>>> pmf.Incr(2, 0.2)
>>> pmf.Prob(2)
0.6
```

あるいは確率に値を掛けることもできます。

```
>>>pmf.Mult(2, 0.5)
>>>pmf.Prob(2)
0.3
```

Pmf オブジェクトを修正すると、結果が非正規化状態になる場合があります。つまり、確率を足し合わせても総和が 1 にならないのです。これを確認するために、確率の合計を返す Total を呼び出すことができます。

```
>>pmf.Total()
0.9
```

再正規化するには Normalize を呼び出します。

```
>>> pmf.Normalize()
>>> pmf.Total()
1.0
```

Pmf オブジェクトには Copy メソッドがあり、元のオブジェクトに影響を及ぼすこ

となく、コピーを作成してそれを変更できます。

本節の記法は不統一に見えたかもしれませんが、Pmf はクラスの名前、pmf はクラスのインスタンス、PMF は確率質量関数という数学的概念をそれぞれ表します。

## 3.2 PMF をプロットする

thinkplot には、Pmf をプロットする方法が2つあります。

- Pmf を棒グラフとして描画するには、thinkplot.Hist を使う。Pmf 中の値の個数が少ない場合、棒グラフが最も向いている。
- Pmf をステップ関数として描画するには、thinkplot.Pmf を使う。これは、Pmf に多くの値がありかつ滑らかな場合に向いている。この関数は Hist オブジェクトにも使える。

さらに、シーケンス型の値を取ってヒストグラムを計算する hist という関数を pyplot が提供しています。Hist オブジェクトを使うので、私は普通 pyplot.hist は使いません。

図 3-1 は第一子と第二子以降との妊娠期間の PMF を棒グラフ（左）とステップ関数（右）で描画したものです。

ヒストグラムの代わりに PMF をプロットすることにより、2つの分布を、標本サイズの違いで紛らわしくなることなく、比較できます。この図からは、第一子が予定日（第39週）どおりに出産する確率が第二子以降に比べて少し低く、少し遅れる場合（第41〜42週）が多いようです。

図 3-1 を生成するコードは次のようになります。

```
thinkplot.PrePlot(2, cols=2)
thinkplot.Hist(first_pmf, align='right', width=width)
thinkplot.Hist(other_pmf, align='left', width=width)
thinkplot.Config(xlabel='weeks',
                 ylabel='probability',
                 axis=[27, 46, 0, 0.6])

thinkplot.PrePlot(2)
thinkplot.SubPlot(2)
```

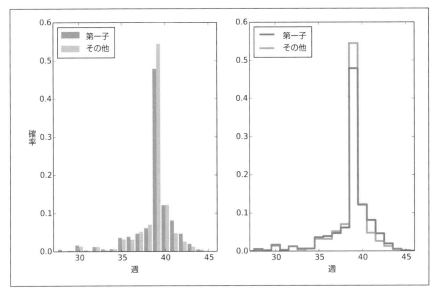

図3-1 棒グラフとステップ関数とを使った第一子と第二子以降との妊娠期間のPMF

```
thinkplot.Pmfs([first_pmf, other_pmf])
thinkplot.Show(xlabel='weeks',
               axis=[27, 46, 0, 0.6])
```

PrePlotには、rowsとcolsというオプション・パラメータがあり、複数の図を並べることができます。この場合には、2つの図を横に並べます。左の図は、すでに見たthinkplot.Histを使ったPmfを示します。

PrePlotの2番目の呼び出しは、色出力をリセットします。SubPlotが2番目の図(右側)に切り替えて、thinkplot.Pmfを使ってPmfを図示します。axisオプションを使って、2つの図が同じ線上にあるようにしました。これは、一般に、2つの図を比較するときに適しています。

## 3.3 その他の可視化

ヒストグラムとPMFは、データを探索してパターンや関係を同定しようと試みる上で有用です。何が起こっているのかがわかれば、見つけたパターンをより明確に可視化する方法を検討できるからです。

NSFGのデータでは、最頻値の近辺の分布の差が一番大きいことが見てとれます。したがって、グラフのその部分を拡大して、差を強調してみましょう。

```
weeks = range(35, 46)
diffs = []
for week in weeks:
    p1 = first_pmf.Prob(week)
    p2 = other_pmf.Prob(week)
    diff = 100 * (p1 - p2)
    diffs.append(diff)

thinkplot.Bar(weeks, diffs)
```

このコードでは、weeksが週の範囲、diffsが2つのPMFの差をパーセントポイントで表します。図3-2は結果を棒グラフで示しています。この図でパターンが明確になりました。第一子が39週に生まれることは少なく、41〜42週で生まれることが多いように見えます。

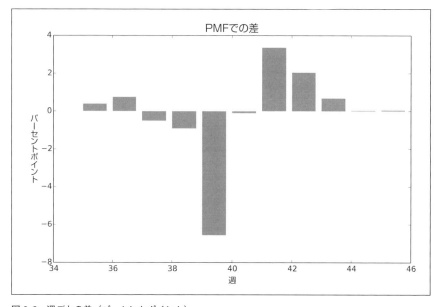

図3-2 週ごとの差（パーセントポイント）

いまのところ、この結論はとりあえずのものです。同じデータセットを用いて目に見える相違は何かを明らかにし、その相違が明らかになる可視化を選びました。この効果が実際のものかどうかは確かではありません。ランダムな偶然による変動かもしれません。この問題については後で触れます。

## 3.4 クラスサイズのパラドックス

次に行く前に、Pmf オブジェクトでどんな計算ができるかの一例を示したいと思います。この例を私は「クラスサイズのパラドックス」と呼んでいます。

アメリカの多くの大学では、学生と教授の人数比は約 10:1 です。しかし、実際に授業に出席したら、クラスの平均人数が 10 人より多いことに気付くでしょう。この食い違いには 2 つの理由があります。

- 学生は通常 1 学期当たり 4〜5 クラス取るものですが、教授はせいぜい 1、2 クラスしか授業を行わない。
- 受講者が少ない授業に参加する学生は少なく、受講者の多い授業を取る学生の数は（当たり前ですが）多い。

1 番目の影響は（少なくとも気付いてしまえば）明白ですが、2 番目の影響はすぐにはわからないかもしれません。そこで、次のような例を考えてみましょう。ある大学ではある学期に 65 のクラスを開講しています。それぞれの学生数が次のようになったとします。

| 学生数 | クラス数 |
|---|---|
| 5-9 | 8 |
| 10-14 | 8 |
| 15-19 | 14 |
| 20-24 | 4 |
| 25-29 | 6 |
| 30-34 | 12 |
| 35-39 | 8 |
| 40-44 | 3 |
| 45-49 | 2 |

もし学部長に平均クラス人数を尋ねたら、PMFを作って算術平均を計算し、平均クラス人数は23.7人と答えるでしょう。そのコードは次のようになります。

```
d = { 7: 8, 12: 8, 17: 14, 22: 4,
     27: 6, 32: 12, 37: 8, 42: 3, 47: 2 }

pmf = thinkstats2.Pmf(d, label='actual')
print('mean', pmf.Mean())
```

しかし、学生のグループに、授業には何人学生が出席しているか聞いてみて、その平均値を聞いてみれば、もっと高い値になるでしょう。どれぐらい大きくなるか考えてみましょう。

最初に、学生が観察する分布を計算します。これは、クラスサイズについての確率がクラスにいる学生数で「バイアス」されています。

```
def BiasPmf(pmf, label):
    new_pmf = pmf.Copy(label=label)

    for x, p in pmf.Items():
        new_pmf.Mult(x, x)

    new_pmf.Normalize()
    return new_pmf
```

クラスサイズ $x$ に、そのクラスサイズを観察する学生数 $x$ による確率を掛けます。その結果がバイアスした分布を表す新たなPmfとなります。

実際の分布と観察される分布とをプロットします。

```
biased_pmf = BiasPmf(pmf, label='observed')
thinkplot.PrePlot(2)
thinkplot.Pmfs([pmf, biased_pmf])
thinkplot.Show(xlabel='class size', ylabel='PMF')
```

図3-3に結果を示します。バイアスした分布では小クラスがより少なく、大クラスがより多くなっています。バイアスした分布の平均値は、実際の平均値よりもほぼ25%高い値になります。

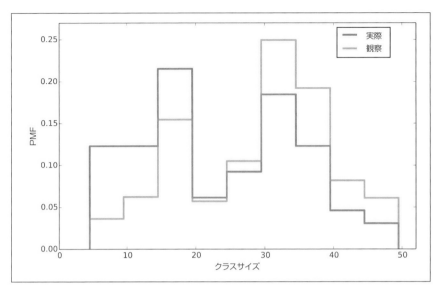

図 3-3 実際のと学生が観察したのとのクラスサイズの分布

　この操作を逆転することも可能です。大学でクラスサイズの分布を調べたいと仮定します。学部長からは信頼できるデータを得られないとします。代替手段の1つとして、学生の無作為標本を選び、彼らにクラスの学生数を尋ねます。
　結果は、これまで見てきたようにバイアスされていますが、それを使って実際の分布を推定できます。Pmfからバイアスを取り除く関数を次に示します。

```
def UnbiasPmf(pmf, label):
    new_pmf = pmf.Copy(label=label)

    for x, p in pmf.Items():
        new_pmf.Mult(x, 1.0/x)

    new_pmf.Normalize()
    return new_pmf
```

　これは BiasPmf に似ています。違っているのは、$x$ を掛けるのではなく、$x$ で確率を割るところだけです。

## 3.5 DataFrame のインデックス処理

「1.4 DataFrame」で pandas の DataFrame を読み込み、それを使ってデータカラムの選択と変更を行いました。今度は、行選択を行いましょう。はじめに、乱数の NumPy 配列を作り、それを使って DataFrame を初期化します。

```
>>> import numpy as np
>>> import pandas
>>> array = np.random.randn(4, 2)
>>> df = pandas.DataFrame(array)
>>> df
          0         1
0 -0.143510  0.616050
1 -1.489647  0.300774
2 -0.074350  0.039621
3 -1.369968  0.545897
```

デフォルトでは、行もカラムもゼロから始まりますが、カラム名を指定することができます。

```
>>> columns = ['A', 'B']
>>> df = pandas.DataFrame(array, columns=columns)
>>> df
          A         B
0 -0.143510  0.616050
1 -1.489647  0.300774
2 -0.074350  0.039621
3 -1.369968  0.545897
```

行名も与えられます。行名の集合を**インデックス**（index）と呼びます。名前そのものは**ラベル**（label）と呼びます。

```
>>> index = ['a', 'b', 'c', 'd']
>>> df = pandas.DataFrame(array, columns=columns, index=index)
>>> df
          A         B
a -0.143510  0.616050
b -1.489647  0.300774
c -0.074350  0.039621
d -1.369968  0.545897
```

これまでの章で見てきたように、単純なインデックス処理は、カラムを選んで、Series を返します。

```
>>> df['A']
a   -0.143510
b   -1.489647
c   -0.074350
d   -1.369968
Name: A , dtype: float 64
```

ラベル名で行を選ぶには、loc 属性を使い、Series を返します。

```
>>> df.loc['a']
A    -0.14351
B     0.61605
Name: a, dtype: float64
```

整数で行の位置を指定して行を選ぶには、ラベルの代わりに、iloc 属性を使いますが、これも Series を返します。

```
>>> df.iloc[0]
A    -0.14351
B     0.61605
Name: a, dtype: float64
```

loc はラベルのリストを取ることもできます。その場合には、結果が DataFrame になります。

```
>>> indices = ['a', 'c']
>>> df.loc[indices]
         A         B
a  -0.14351   0.616050
c  -0.07435   0.039621
```

最後に、ある範囲の行をラベルで選ぶことができます。

```
>>> df['a':'c']
          A         B
a  -0.143510  0.616050
b  -1.489647  0.300774
```

```
c -0.074350 0.039621
```

整数での位置を使うなら次のようになります。

```
>>> df[0:2]
          A         B
a -0.143510 0.616050
b -1.489647 0.300774
```

どちらの場合も結果は DataFrame です。ただし、ラベルの場合には、終端が含まれますが、整数での場合には終端が含まれないことに注意してください。

私の助言は、整数でないラベルを行に使っているなら、整数位置は使わず、ずっとラベルを使い続けなさい、というものです。

## 3.6　演習問題[†]

### 演習問題 3-1

クラスサイズのパラドックスのようなことが、子供に対して、家族に子供が何人いるか尋ねる調査でも起こる。子供の多い家族の方が標本に採られやすくて、子供のいない家族は標本となる機会がない。

NSFG 回答変数 NUMKDHH を用いて、家族での 18 歳以下の子供の人数の実際の分布を作りなさい。

次に、子供に対して、家族に 18 歳以下の子供が（自分も含めて）何人いるか尋ねる調査によるバイアスのある分布を計算しなさい。

上の 2 つの分布をプロットして、それぞれの平均値を計算しなさい。IPython ノートブック chap03ex.ipynb を使えば順に解いていける。

### 演習問題 3-2

「2.7　分布を要約する」では、要素を足し合わせ $n$ で割って標本の平均値を計算した。PMF の場合でも、平均値を計算できるが、方法は少し異なる。

$$\bar{x} = \sum_i p_i\, x_i$$

ここで $x_i$ は PMF に出現する値、$p_i = \mathrm{PMF}(x_i)$ である。同様に、分散も次のよう

---

[†] 問題 3-1 の解答は chap03soln.ipynb に、問題 3-2 と 3-3 の解答は chap03soln.py にある。

に計算できる。

$$S^2 = \sum_i p_i (x_i - \bar{x})^2$$

PMFオブジェクトを入力とし、平均値と分散とを計算する、PmfMean と PmfVar と呼ばれる関数を書きなさい。これらのメソッドを確認するために、Pmf が提供する Mean と Var と同じかチェックしなさい。

### 演習問題 3-3

1章で、「第一子は生まれるのが遅くなりやすいか」という質問から本書を始めた。この質問に答えるため、新生児をグループ分けして平均値の差を計算したが、**同じ女性**でも第一子と第二子以降とで差があるという可能性については無視してきた。

このような場合の質問に答えるため、2人以上を出産した回答者を選んで、差を計算しなさい。質問をこのように修正すると、結果は違ったものになるだろうか。

ヒント：nsfg.MakePregMap を使うこと。

### 演習問題 3-4

ほとんどの陸上レースでは、全員が一斉にスタートする。足が速ければ、レースの序盤で多くの人を抜いて、数キロ後には周りが同じスピードの人ばかりになるのが普通である。

私が長距離リレー（209マイル＝約336キロメートル）を初めて走ったときのこと、ある奇妙なことに気付いた。人を抜くときは自分が相手よりもだいぶ速く、抜かされるときは相手の方がずっと速かったのだ。

最初は、ランナーの速さの分布が二峰性なのだと思った。つまり、自分より遅いランナーと速いランナーがたくさんいて、自分と同じ速さのランナーがほとんどいないのだと考えた。

それから、自分がクラスサイズ効果と同じバイアスの罠にはまっていることに気付いた。そのレースは2つの点で普通のとは異なっていた。1つはそのレースが階段式スタートを採用していたために各チームのスタートがばらばらだったことだ。もう1つは、ランナーのレベルがばらばらのチームが多かったことだ。

結果として、コース上に散らばっている各ランナーの位置と速さは互いにほとんど関係がなくなってしまったのだ。私がスタートしたとき、周りにいたランナーはレースに参加しているランナーの（ほぼ）無作為な標本になっていたのだ。

それでは、先ほど述べたバイアスはどこから来たのだろう？私が走っている間に他のランナーを抜くあるいは他のランナーに抜かれる回数は彼我の速さの差に比例する。私は遅いランナーを追い抜きやすく、速いランナーに追い抜かれやすいのだ。同じ速度のランナーは互いを見ることがほとんどないのだ。

各ランナーのスピードの実際の分布を表す Pmf オブジェクトと、走っている観察者のスピードとを入力とし、走っている観察者から見たランナーのスピードの分布を表す新しい Pmf オブジェクトを返す ObservedPmf という関数を書きなさい。

書いた関数をテストするために relay.py を使うことができる。これは、マサチューセッツ州のデダムで開かれた、ジェイムズ・ジョイス 10 キロレースの結果を読み込み、各ランナーのペースを mph（毎時何マイル）に変換する。

このランナーと毎時 7.5 マイル（約 12 キロ）で走ったときに、観測する周りのランナーのスピードの分布を計算しなさい[†]。

## 3.7 用語集

**確率質量関数（Probability mass function、PMF）**
値に対して確率を返す関数として表す分布の表現。

**確率（probability）**
標本サイズの割合として表現される度数。

**正規化（normalization）**
確率を求めるために度数を標本サイズで割る処理。

**インデックス（index）**
pandas の DataFrame で、行ラベルを表す特別なカラム。

---

[†] 答えは relay_soln.py にある。

# 4 章
# 累積分布関数[†]

## 4.1 PMF の限界

　PMF は、値の個数が少ないときは大変役に立ちます。しかし、個数が増えると、各値の確率は小さくなり、ランダムノイズの影響が大きくなります。

　例えば、新生児の出生時体重の分布に興味があったとしましょう。NSFG のデータでは、変数 totalwgt_lb に出生時体重がポンドで記録されています。図 4-1 は、第一子と第二子以降について、その値の PMF を示します。

　全体としては、どちらの分布も、正規分布のベル曲線に似ていて、平均値の周りに多くの値があり、上側と下側には少ししかありません。

　しかし、詳細については解釈が難しくなります。たくさんの山と谷があり、両者の分布に差異があるところもわかりますが、そのどれが意味のあるものなのかわかりません。また、パターン全体の違いを掴むのも困難です。例えば、どちらの分布の平均値が高いと思いますか？

　こういった問題は、ビニング（区分に分けること）で、緩和されます。つまり、全体を互いに重複しない複数の区間に分割し、各ビンに含まれる値の個数を数えます。ビンに分けるのは有用ですが、適切なビンのサイズを設定することは難しいことです。ノイズをならして消すためにビンを大きくすると、有用な情報も一緒に消えかねないからです。

---

[†] 本章のコードは、cumulative.py にある。コードのダウンロードや扱い方については、viii ページの「コードを使う」を参照してほしい。

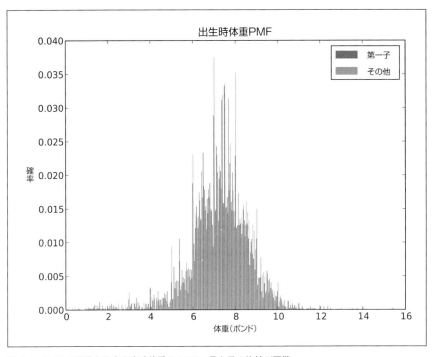

図 4-1 PMF の限界を示す出生時体重の PMF、見た目の比較が困難

これらの問題を避ける代替手段が、本章の主題である**累積分布関数**（cumulative distribution function、CDF）を使うことです。その話をする前に、パーセンタイルを説明しなければなりません。

## 4.2 パーセンタイル

標準化されたテストを受けた経験があるなら、結果をテストの点数と**パーセンタイル順位**（percentile rank）とで受け取ったはずです。その場合、パーセンタイル順位とは、自分の点数以下の点を取った人の割合です。「90 パーセンタイル順位である」ことは、つまり、受験者の 90％の人と同じかより良い結果を出したということです。

次に、点数のシーケンス scores に対して、値 your_score のパーセンタイル順位をどのように計算できるかを示します。

```
def PercentileRank(scores, your_score):
    count=0
    for score in scores:
        if score <= your_score:
            count += 1

    percentile_rank = 100.0 * count / len(scores)
    return percentile_rank
```

例えば、点数のシーケンスが 55, 66, 77, 88, 99 で、あなたの点数が 88 なら、パーセンタイル順位は 100 * 4 / 5 すなわち 80 になります。

与えられた値から、そのパーセンタイル順位を計算するのは簡単です。しかし、逆の計算はもう少し複雑になります。パーセンタイル順位が与えられ、対応する点数を調べる1つの方法は、点数をソートしてから、求める値を探索することです。

```
def Percentile(scores, percentile_rank):
    scores.sort()
    for score in scores:
        if PercentileRank(scores, score) >= percentile_rank:
            return score
```

この計算の結果が**パーセンタイル値**（percentile）です。例えば、50パーセンタイル値というのは、パーセンタイル順位が50の値です。この試験の点数の分布では、50パーセンタイル値は77です。

この Percentile という実装は効率的ではありません。パーセンタイル順位を使って対応するパーセンタイル値のインデックスを計算する方がさらに効率的です。

```
def Percentile2(scores, percentile_rank):
    scores.sort()
    index = percentile_rank * (len(scores)-1) / 100
    return scores[index]
```

「パーセンタイル値」と「パーセンタイル順位」との違いは紛らわしいもので、常に正しく使えている人はあまりいません。まとめておくと、PercentileRank は、値をとって値集合でのそのパーセンタイル順位を計算します。Percentile は、パーセンタイル順位を取って、対応する値を計算します。

## 4.3　累積分布関数（CDF）

パーセンタイル値とパーセンタイル順位を理解したので、**累積分布関数**（cumulative distribution function、CDF）に取り掛かれます。CDF は、値を、パーセンタイル順位に対応付ける関数です。

CDF は、分布に現れる任意の値 $x$ の関数になります。ある $x$ について CDF($x$) を評価することは、分布中で $x$ 以下の値の割合を計算することです。

この計算をシーケンス t と値 x を引数として受け取る関数として書くと次のようになります。

```
def EvalCdf(t, x):
    count = 0.0
    for value in t:
        if value <= x:
            count += 1

    prob = count / len(t)
    return prob
```

この関数は `PercentileRank` と、結果が 0 〜 100 の範囲のパーセンタイル順位ではなく 0 〜 1 の範囲の確率であるということを除いて、ほぼ同一です。

例として、値 [1, 2, 2, 3, 5] の標本を考えましょう。CDF は次のようになります。

CDF(0) = 0
CDF(1) = 0.2
CDF(2) = 0.6
CDF(3) = 0.8
CDF(4) = 0.8
CDF(5) = 1

標本に現れる値だけでなく、どのような $x$ に対しても、CDF は計算できます。もし $x$ が標本中の最小値より小さかったなら、CDF($x$) は 0 になります。もし $x$ が標本中の最大値よりも大きかったら、CDF($x$) は 1 になります。

図 4-2 は、CDF のグラフ表示です。標本の CDF はステップ関数になります。

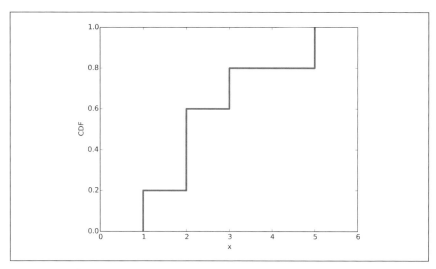

図 4-2 CDF の例

## 4.4 CDF の表現

CDF を表す Cdf という名のクラスを thinkstats2 は提供します。Cdf が提供する基本メソッドは次になります。

Prob(x)
    値 x を受け取り、確率 $p$ = CDF($x$) を計算します。ブラケット（[]）演算子は Prob に等価です。

Value(p)
    確率 p を受け取り、対応する値 x を計算します。すなわち、p の逆 CDF（inverse CDF）です。

Cdf コンストラクタは、引数として、値のリスト、pandas の Series、Hist、Pmf、他の Cdf を受け取ります。次のコードは、NSFG の妊娠期間の分布の Cdf を作ります。

```
live, firsts, others = first.MakeFrames()
cdf = thinkstats2.Cdf(live.prglngth, label='prglngth')
```

thinkplotは、Cdfを線でプロットするCdfという名の関数を提供します。

```
thinkplot.Cdf(cdf)
thinkplot.Show(xlabel='weeks', ylabel='CDF')
```

図4-3が結果を示します。CDFの1つの読み方はパーセンタイル値を見つける、というものです。例えば、約10%の妊娠が36週より短いこと、90%が41週より短いことが見て取れます。CDFは、分布形状の視覚的な表現でもあります。度数の高い値はCDFでは急な、垂直な部分として表されます。この例では、最頻値が39週であることが見て取れます。30週を下回る値はわずかなので、その範囲のCDFは平らです。

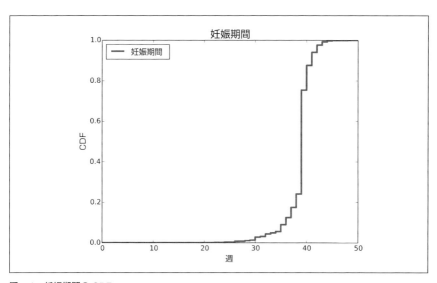

図4-3　妊娠期間のCDF

CDFに慣れるには時間がかかりますが、慣れてしまえば、PMFよりも多くの情報をより明確に示すことがわかるはずです。

## 4.5 CDFを比較する

CDFは分布の比較に特に役立ちます。例えば、第一子と第二子以降の新生児の体重分布のCDFをプロットするコードは次のようになります。

```
first_cdf = thinkstats2.Cdf(firsts.totalwgt_lb, label='first')
other_cdf = thinkstats2.Cdf(others.totalwgt_lb, label='other')

thinkplot.PrePlot(2)
thinkplot.Cdfs([first_cdf, other_cdf])
thinkplot.Show(xlabel='weight (pounds)', ylabel='CDF')
```

図4-4が結果を示します。図4-1と比べると、この図では分布の形状がはっきりしていて、それらの相違がずっと明確です。全体を通じて、第一子の方がわずかに軽いことがわかります。特に平均値より上では違いが大きくなっています。

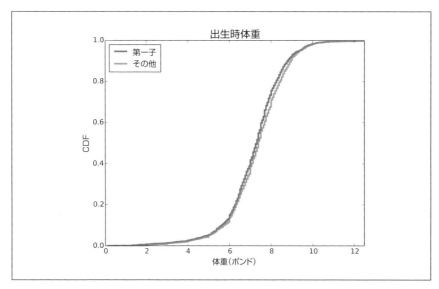

図4-4　第一子とその他の子の出生時体重のCDF

## 4.6　パーセンタイル派生統計量

　CDF を一旦計算すれば、パーセンタイル値とパーセンタイル順位の計算は容易です。Cdf クラスには、次の 2 つのメソッドがあります。

PercentileRank(x)
　　値 x について、パーセンタイル順位、$100 \cdot CDF(x)$ を計算する。

Percentile(p)
　　パーセンタイル順位 rank について、対応する値 x を計算する。Value(p/100) と等価です。

　Percentile は、パーセンタイル派生要約統計量を計算するのに使えます。例えば、50 位パーセンタイル値は、分布を半分に分割する値で、**中央値**（median）と呼ばれます。平均値同様、中央値は、分布の中心傾向の尺度です。

　実際のところ、「中央値」には、それぞれ特性が異なる複数の定義があります。Percentile(50) は、単純で計算が効率的です。

　パーセンタイル派生統計量のもう 1 つは、**四分位範囲**（interquartile range、IQR）です。これは分布の広がり方の尺度です。IQR は、75 位パーセンタイル値と 25 位パーセンタイル値との差です。

　一般的に、パーセンタイル値は分布の形状の要約によく用いられます。例えば、収入の分布は、「五分位数」でよく報じられます。すなわち、20 位、40 位、60 位、80 位パーセンタイル値に分けて示されます。他の分布では、「十分位数」に分けられるものがあります。CDF において等間隔点で表現されるこのような統計量は、まとめて**分位数**（quantiles）と呼ばれます。詳しくは Wikipedia の「分位数」の項目を参照してください[†]。

## 4.7　乱数

　生児出産（live birth）の母集団から無作為に標本を選び出し、出生時体重のパーセンタイル順位を求めたとしましょう。そのパーセンタイル順位の CDF を計算した

---

[†] 訳注：原文、英語は https://en.wikipedia.org/wiki/Quantil。四分位数も分位数全体も同じ Quantile であることに注意。日本語と英語とで記述が異なる。

とすると、分布がどのように見えるでしょうか。

計算をどのようにするかを次に示します。最初に、出生時体重のCdfを作ります。

```
weights = live.totalwgt_lb
cdf = thinkstats2.Cdf(weights, label='totalwgt_lb')
```

次に標本を生成して、標本のそれぞれの値についてパーセンタイル順位を計算します。

```
sample = np.random.choice(weights, 100, replace=True)
ranks = [cdf.PercentileRank(x) for x in sample]
```

sampleは100個の出生時体重の**無作為復元**（replacement）抽出標本、すなわち、同じ値が何度も選ばれる可能性があるものです。ranksはパーセンタイル順位のリストです。

最後に、パーセンタイル順位のCdfをプロットします。

```
rank_cdf = thinkstats2.Cdf(ranks)
thinkplot.Cdf(rank_cdf)
thinkplot.Show(xlabel='percentile rank', ylabel='CDF')
```

図4-5に結果を示します。CDFはほぼ直線で、分布が一様なことを意味します。

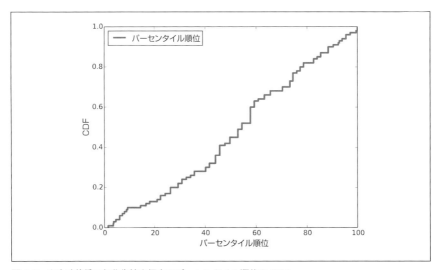

図4-5　出生時体重の無作為抽出標本のパーセンタイル順位のCDF

この結果は自明なものではなかったかもしれませんが、CDFの定義から来る結果そのものです。この図からわかるのは、標本の10%が10位パーセンタイルより下で、20%が20位パーセンタイルより下というようなことで、まったく期待どおりです。

したがって、CDFの形状が何であれ、パーセンタイル順位の分布は一様です。この特性は、与えられたCDFの乱数を生成する単純かつ効率的アルゴリズムの基盤として、有用です。それは次のようになります。

- 範囲0〜100から一様にパーセンタイル順位を選ぶ。
- `Cdf.Percentile`を使って、選んだパーセンタイル順位に対応する分布での値を見つける。

Cdfは、Randomという、このアルゴリズムの実装を提供しています。

```
# class Cdf:
    def Random(self):
        return self.Percentile(random.uniform(0, 100))
```

Cdfには、整数 $n$ を取って、Cdfから無作為抽出した $n$ 個の値のリストを返す、Sampleもあります。

## 4.8 パーセンタイル順位を比較する

パーセンタイル順位は、異なるグループに対する評価尺度を比較するときに役に立ちます。例えば、陸上競技のレースは通常、年齢と性別でグループ分けされて行われます。異なるグループに属する人同士の結果を比較するときには、レースのタイムをパーセンタイル順位に変換して比較できます。

2、3年前、マサチューセッツ州のデダムで開かれた、ジェイムズ・ジョイス10キロレースに参加しました[†]。結果は42分44秒で、1,633人参加した中の97番目でした。1,633人中1,537人が同順位か下でしたから、このレースでの私のパーセンタイル順位は94%でした。

一般に、順番と参加者数がわかれば、パーセンタイル順位を計算できます。

---

[†] 訳注：初版に書いてあったが、結果は http://coolrunning.com/results/10/ma/Apr25_27thAn_set1.shtml からダウンロードできる。

```
def PositionToPercentile(position, field_size):
    beat = field_size - position + 1
    percentile = 100.0 * beat / field_size
    return percentile
```

私の年齢グループ M4049 は「40 歳から 49 歳の男性」という意味で、そこで私は 256 人中 26 位でした。私の年齢群でのパーセンタイル順位は 90%でした。

もし、10 年後も走っていたら（そうなることを望んでいます）、私は M5059 区分になります。自分の区分内でのパーセンタイル順位が変わらないとしたら、私はどれくらい遅くなると予期できますか？

この質問に、M4049 でのパーセンタイル順位を M5059 に変換して答えることができます。コードは次のようになります。

```
def PercentileToPosition(percentile, field_size):
    beat = percentile * field_size / 100.0
    position = field_size - beat + 1
    return position
```

M5059 には 171 人いるので、同じパーセンタイル順位を占めるには、17 番目と 18 番目の間に来なければいけません。M5059 の 17 番のランナーの記録は、46 分 05 秒でしたから、それがパーセンタイル順位を維持するために、達成しなければならないタイムになります。

## 4.9　演習問題[†]

### 演習問題 4-1

誕生時のあなたの体重はどのくらいだっただろうか。知らなければ、母親か知っている人に電話をかけよう。NSFG データ（全新生児）を使って、出生時体重の分布を計算して、それを使って自分のパーセンタイル順位を見つけよう。もし第一子なら、第一子の分布におけるパーセンタイル順位を見つけよう。第二子以降なら、そちらのデータを使ってほしい。90 パーセンタイル順位以上なら、お母さんに電話して謝ろう。

### 演習問題 4-2

random.random で生成される数値群は 0 と 1 の間で一様であると考えられる。つま

---

[†] 4 章の演習問題については、chap04ex.ipynb で始められる。この問題の解答は chap04soln.ipynb にある。

り、この範囲内のどの値も確率が等しいということだ。

`random.random` を用いて 1,000 個の数値を生成し、その PMF および CDF をプロットしなさい。分布は一様だろうか[†]。

## 4.10 用語集

パーセンタイル順位（percentile rank）
: 分布中の与えられた値以下の値が分布中に占めるパーセント。

パーセンタイル値（percentile）
: 与えられたパーセンタイル順位に対する値。

累積分布関数 (cumulative distribution function、CDF)
: 値に対して、その累積確率を対応させる関数。CDF($x$) は、$x$ 以下の標本の割合を示す。

逆 CDF（inverse CDF）
: 累積確率 $p$ に対応する値を返す関数。

中央値（median）
: 50 パーセンタイル値。中心傾向の尺度としてよく用いられる。

四分位範囲（interquartile range）
: 25 および 75 パーセンタイル値の差。広がりの尺度として用いられる。

分位数（quantile）
: 等間隔のパーセンタイル順位に対応する一連の値。例えば、分布の四分位数は、25 位、50 位、75 位パーセンタイル値。

復元（replacement）
: 標本抽出過程の特性の 1 つ。「復元抽出（with replacement）」とは、同じ値が複数選ばれる可能性を意味する。「非復元抽出（without replacement）」は、一度選ばれた値は母集団から取り除かれることを意味する。

---

[†] 訳注：一様分布については、Wikipedia 日本語版の「離散一様分布」や http://en.wikipedia.org/wiki/Uniform_distribution_(discrete) を参照できる。

# 5章
# 分布をモデル化する[†]

いままでに扱った分布は、**経験分布**（empirical distributions）と呼ばれています。というのも、いままで登場したものが実際の観察に基づいた分布だったからです。当然、標本サイズは有限になります。

この他に、数学的な関数として与えられた CDF で特徴付けられる、**解析分布**（analytic distribution）[‡]があります。解析分布は、経験分布をモデル化するのに使えます。この文脈で**モデル**（model）とは、不必要な詳細を省いた単純化のことです。本章では、よく使われる解析分布を示し、それらを使ってさまざまな情報源からのデータをモデル化します。

## 5.1 指数分布

比較的簡単なので**指数分布**（exponential distributio）から始めましょう。指数分布のCDFは次のようになります。

$$\text{CDF}(x) = 1 - e^{-\lambda x}$$

母数（パラメータ）$\lambda$ が分布の形状を決定します。**図 5-1** は、$\lambda = 0.5, 1, 2$ のときに CDF がどのように見えるかを示しています。

---

[†] 本章のコードは、analytic.py にある。コードのダウンロードや扱い方については、viii ページの「コードを使う」を参照してほしい。

[‡] 訳注：普通は、**連続分布**（continuous distribution）という用語を使う。本書初版も連続分布とした。解析分布は、あまり使われていない。

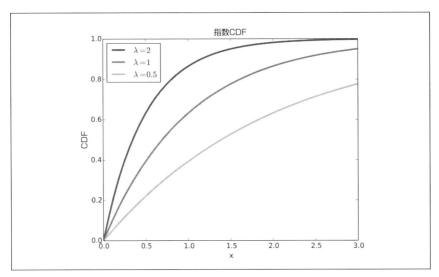

図 5-1　さまざまな母数での指数分布の CDF

　実世界において指数分布は、一連の事象を観測し、**到着時間間隔**（interarrival time）と呼ばれる、事象間の時間を計測するときに現れます。事象が常に同じ確からしさで起こるとき、到着時間間隔の分布は指数分布になる傾向があります。

　例として、新生児の到着時間間隔を見てみましょう。1997 年の 12 月 18 日にオーストラリアのブリスベンのとある病院で 44 人の新生児が生まれました[†]。その 44 人すべての新生児が生まれた時刻は現地の新聞で報道されました。完全なデータセットが ThinkStats2 リポジトリの babyboom.dat というファイルにあります。

```
df = ReadBabyBoom()
diffs = df.minutes.diff()
cdf = thinkstats2.Cdf(diffs, label='actual')

thinkplot.Cdf(cdf)
thinkplot.Show(xlabel='minutes', ylabel='CDF')
```

---

[†] 原注：この例は Dunn, "A simple Dataset for Demonstrating Common Distributions," Journal of Statistics Education v.7, n.3 (1999) の情報とデータを元にしている（訳注：この論文は、http://www.amstat.org/PUBLICATIONS/JSE/secure/v7n3/datasets.dunn.cfm で閲覧できる）。

ReadBabyBoom はデータファイルを読んで、time, sex, weight_g, minutes というカラムの DataFrame を返します。ここで minutes は、深夜 0 時からの出生時刻を分単位に変換したものです。

diffs は隣り合う出生時刻間の差、cdf はこの到着時間間隔の分布です。図 5-2 の左側が CDF を示します。一般的な指数分布の形状のようですが、どうすれば指数分布だと断言できるのでしょうか。

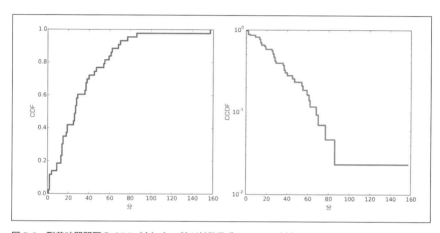

図 5-2　到着時間間隔の CDF（左）と y 軸が対数目盛の CCDF（右）

1 つの方法は、**相補 CDF**（complementary CDF、CCDF）、すなわち $1 - \text{CDF}(x)$ を対数目盛の y 軸に対して描画してみることでしょう。指数分布に従うデータなら、結果は直線になるはずです。なぜそうなるのか考えましょう。

指数分布に従うと思われるデータセットの相補 CDF をプロットすると、次のような関数になると期待できます。

$$y \approx e^{-\lambda x}$$

両辺の対数を取ると、

$$\log y \approx -\lambda x$$

となります。したがって、y 軸を対数目盛にすると、CCDF は傾きが $-\lambda$ の直線になるのです。そのようなプロットは次のようにして生成できます。

```
thinkplot.Cdf(cdf, complement=True)
thinkplot.Show(xlabel='minutes',
               ylabel='CCDF',
               yscale='log')
```

引数 complement=True で、thinkplot.Cdf は、プロットする前に相補 CDF を計算します。そして、yscale='log' で、thinkplot.Show は、$y$ 軸を対数目盛にします。

図 5-2 の右側に結果を示します。正確な直線ではありませんが、これは指数分布がこのデータの完全なモデルでないことを示します。1 日のどの時間でも新生児が生まれる確からしさは等しい、という基盤となった前提は厳密には成り立たないのでしょう。それでも、このデータセットを指数分布でモデル化するのは妥当でしょう。この単純化で、分布を 1 つの母数で要約できるからです。

母数 $\lambda$ は比率として解釈できます。すなわち、単位時間に平均して事象の起こる回数です。この例では、44 人の新生児が 24 時間で生まれたので、比率は分当たり $\lambda$ = 0.0306 人です。指数分布の平均は $1/\lambda$ になるので、出産間の平均時間は 32.7 分です。

## 5.2　正規分布

**正規分布**（normal distribution）はガウス分布とも呼ばれ、少なくとも近似的に多くの現象を記述できるので、非常によく使われています。実は、正規分布がなぜよく現れるのかにはまともな理由があり、「**14.4　中心極限定理**」で学びます。

正規分布は、2 つの母数、平均 $\mu$ と標準偏差 $\sigma$ で特徴付けられます。$\mu = 0$ で $\sigma = 1$ の正規分布は、**標準正規分布**（standard normal distribution）と呼ばれます。その CDF は閉形式解[†]を持たない積分で定義されますが、効率よく評価するアルゴリズムがあります。その 1 つが SciPy です。scipy.stats.norm は正規分布を表すオブジェクトです。それは、標準正規 CDF を評価するメソッド cdf を提供します。

```
>>> import scipy.stats
>>> scipy.stats.norm.cdf(0)
0.5
```

この結果は正しいものです。標準正規分布の中央値は 0（平均値と同じ）で、値の半分は中央値より小さいので、CDF(0) は 0.5 です。

---

[†] 訳注：ここでの「閉形式解を持たない」とは CDF が初等関数で表せないという意味。一般には数値積分などを行う必要がある。http://en.wikipedia.org/wiki/Closed-form_expression を参照。

`norm.cdf` には、オプションパラメータとして、平均値を規定する `loc` と標準偏差を規定する `scale` もあります。

`thinkstats2` では、母数 mu と sigma を取って $x$ で CDF を評価する `EvalNormalCdf` が提供されているので、この関数が使いやすくなっています。

```
def EvalNormalCdf(x, mu=0, sigma=1):
    return scipy.stats.norm.cdf(x, loc=mu, scale=sigma)
```

図 5-3 には、母数の値を変えた正規分布に対する CDF を示します。これらの曲線のシグモイド形状[†]は、正規分布のひと目でわかる特徴です。

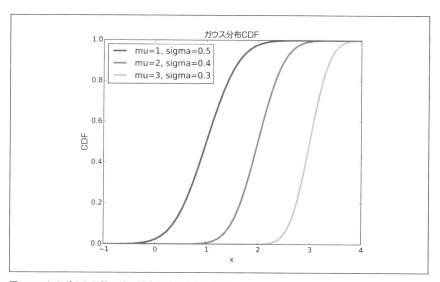

図 5-3 さまざまな母数の値に対する正規分布の CDF

前章では、NSFG を使って出生時体重の分布を調べました。図 5-4 はすべての新生児の出生時体重の CDF と、平均と分散が同じ正規分布の CDF を表示したものです。

---

[†] 訳注：シグモイド関数の示す S 字型の形状。シグモイド曲線という呼び名で、厳密にはシグモイド関数ではない、正規分布の累積分布関数やゴンペルツ関数、グーデルマン関数などの形状を総称する。

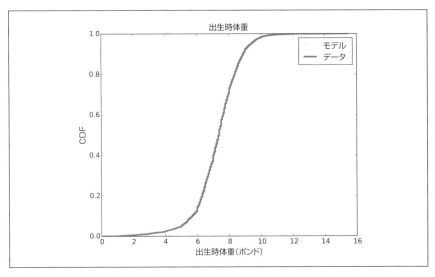

図 5-4 正規モデルと比較した出生時体重の CDF

正規分布は、このデータセットに対して適切なモデルですから、対象の分布を2つの数値、$\mu = 7.28$ と $\sigma = 1.24$ で要約しても、結果の誤差（モデルとデータの差）が小さいのです。

10 パーセンタイル値より下の範囲ではデータとモデルに差が見られます。正規分布から推測されるよりも体重の軽い新生児が多いのです。早産児の研究に興味があるのなら、この部分について正しく解釈することが重要になるでしょう。もしかすると正規分布によるモデル化が適切ではないのかもしれません。

## 5.3 正規確率プロット

指数分布やその他の分布では、データがこれらの解析分布モデルに従っているかどうか確認するための簡単な変換式がありました。

正規分布については、そのような変換式はありませんが、代わりに**正規確率プロット**（normal probability plot）と呼ばれる方法があります。正規確率プロットを生成するには、困難な方法と容易な方法の2種類があります。困難な方法に興味があるなら、https://en.wikipedia.org/wiki/Normal_probability_plot を読んでください。次に示すのは、やさしい方法です。

1. 標本の値をソートする。
2. μ = 0、σ = 1 の正規分布から、元の標本と同じサイズの無作為標本を生成しソートする。
3. 元の標本のソートした値を縦軸に、生成した乱数値を横軸にプロットする。

標本分布がほぼ正規なら、結果は切片が mu で傾きが sigma の直線です。thinkstats2 には NormalProbability があって、標本を取って 2 つの NumPy 配列を返します。

    xs, ys = thinkstats2.NormalProbability(sample)

ys には sample のソートした値が、xs には標準正規分布の乱数値が含まれます。

NormalProbability を試すために、さまざまな母数での正規分布から実際に抽出したデモ用の標本を生成しました。図 5-5 に結果を示します。プロットされた線は真っ直ぐで、裾のところでは、平均値に近い値よりも大きくずれています。

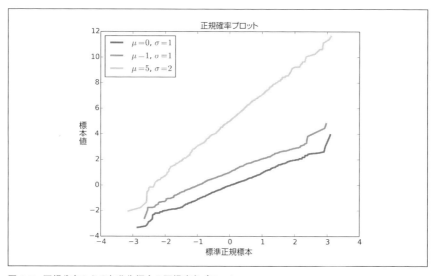

図 5-5　正規分布からの無作為標本の正規確率プロット

実データで試してみましょう。前節の出生時体重データの正規確率プロットを生成

するコードを次に示します。モデルを表す薄い色の線とデータを表す濃い色の線をプロットします。

```
def MakeNormalPlot(weights):
    mean = weights.mean()
    std = weights.std()

    xs = [-4, 4]
    fxs, fys = thinkstats2.FitLine(xs, inter=mean, slope=std)
    thinkplot.Plot(fxs, fys, color='gray', label='model')

    xs, ys = thinkstats2.NormalProbability(weights)
    thinkplot.Plot(xs, ys, label='birth weights')
```

weightsは出生時体重のpandas Series、meanとstdは平均と標準偏差です。

FitLineはシーケンスxs、切片、傾きを取って、与えられた切片と傾きで表される直線を返します。戻り値は、xsと、求めた直線式をその各値で評価した結果ysになります。

NormalProbabilityは、標準正規分布から得られた値xsとweightsから得られた値ysとを返します。体重の分布が正規なら、データはモデルに合致するはずです。図5-6に、全新生児の出生時体重と、満期出産（妊娠期間が36週を超えたもの）での結果とを示します。両方の曲線が、平均値近くではモデルに合致し、裾の方ではズレています。最も重い赤ちゃんはモデルで予期するより重く、最も軽い赤ちゃんは、より軽いのです。

満期出産だけを選択して、最軽量の事例をいくつか取り除けば、分布の左裾でのズレが少なくなります。

このプロットは、正規モデルが、平均値から標準偏差で2、3個分は分布をよく記述しているが、裾の方ではうまくないことを示します。実用上の観点で十分かどうかは、その目的に依存します。

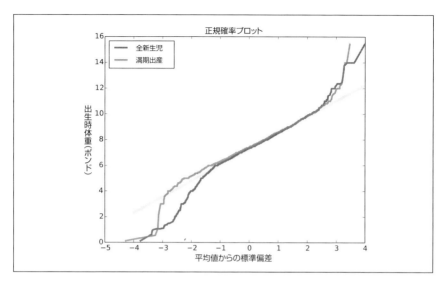

**図 5-6** 出生時体重の正規確率プロット

## 5.4 対数正規分布

値集合の対数が正規分布に従うとき、その値は**対数正規分布**（lognormal distribution）を持つと言います。対数正規分布の CDF は正規分布の CDF の $x$ を $\log x$ に置き換えたものと同じになります。

$$\mathrm{CDF}_{\mathrm{lognormal}}(x) = \mathrm{CDF}_{\mathrm{normal}}(\log x)$$

対数正規分布は $\mu$ と $\sigma$ の 2 つの母数で表されますが、これらは平均と標準偏差を表すものではないことに注意してください。対数正規分布の平均は $\exp(\mu + \sigma^2/2)$ となり、標準偏差はもっとややこしい形になります（Wikipedia の対数正規分布の項目参照）[†]。

標本がほぼ対数正規分布なら、その CDF を log-x 軸上にプロットすれば、正規分布の特徴的な形になります。標本が対数正規モデルにどの程度よく適合しているかを見るためには、標本の値の対数を使って正規確率プロットをすればいいのです。

---

[†] 訳注：原文、英語は、http://en.wikipedia.org/wiki/Log-normal_distribution。日本語より若干詳しい、どちらも分散の式は載っているが、標準偏差の式は実は載っていない。でも分散から簡単に計算できるだろう。

例として、対数正規で近似できる成人体重の分布を見てみましょう[†]。

米国慢性病予防・健康増進センターは行動危険因子サーベイランスシステム（BRFSS）の一環として年次調査を行っています[‡]。2008 年には、414,509 人に対してインタビューを行い、年齢や世帯情報とともに、健康状態および健康上のリスクについて尋ねました。収集したデータには、398,484 人分の体重（kg）があります。

本書のリポジトリには、BRFSS から取ったデータを含む固定幅 ASCII ファイル CDBRFS08.ASC.gz と、ファイルを読んでデータを分析する brfss.py が含まれています。

図 5-7 の左側は、通常の線形尺度で成人体重の分布とその正規モデルを示します。図 5-7 の右側は、対数尺度で同じ分布と対数正規モデルを示します。対数正規モデルのほうがよりよく適合していますが、これらのグラフでは、それほど劇的な違いはありません。

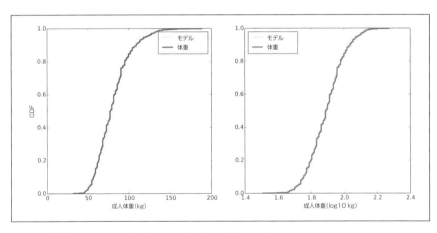

図 5-7　線形尺度（左）と対数尺度（右）での成人体重の CDF

---

[†] 原注：この可能性は、http://mathworld.wolfram.com/LogNormalDistribution.html での例についての記述から知った。引用元は記してなかったが、その対数変換の式とその導出過程について次の論文があった。Penman and Johnson, "The Changing Shape of the Body Mass Index Distribution Curve in the Population", Preventing Chronic Disease, 2006 July; 3(3): A74。この論文は http://www.ncbi.nlm.nih.gov/pmc/articles/PMC1636707 で読める。

[‡] 原注：データの出所は、Centers for Disease Control and Prevention (CDC). Behavioral Risk Factor Surveillance System Survey Data. Atlanta, Georgia: U.S. Department of Health and Human Services, Centers for Disease Control and Prevention, 2008 となる（訳注：http://www.cdc.gov/brfss/annual_data/annual_2008.htm から入手できる）。

図 5-8 は成人体重 $w$ とその対数 $\log_{10} w$ との正規確率プロットを示します。データが正規モデルからずれていることは明らかです。対数正規モデルは、平均値から2、3標準偏差の範囲内ではよく適合していますが、裾では多少ずれています。このデータには、対数正規分布が良いモデルだと結論付けられます。

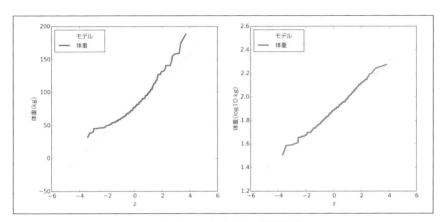

図 5-8　線形尺度（左）と対数尺度（右）での成人体重の正規確率プロット

## 5.5　パレート分布

パレート分布（Pareto distribution）は経済学者のヴィルフレド・パレート（Vilfredo Pareto）の名に因んで名付けられています。彼はこの分布を用いて富の偏在（詳細はWikipedia の「パレート分布」を参照してください[†]）を明らかにしました。それ以来、この分布は自然や社会科学におけるさまざまな現象、例えば、都市や町、砂粒や隕石、森林火災や地震の大きさなどを記述するのに用いられてきました。

パレート分布の CDF は次のようになります。

$$\mathrm{CDF}(x) = 1 - \left(\frac{x}{x_m}\right)^{-\alpha}$$

ここで、母数 $x_m$ と $\alpha$ は分布の位置と形状を規定します。$x_m$ は、取り得る最小の値です。図 5-9 は、$x_m = 0.5$ のときの $\alpha$ のさまざまな値に対するパレート分布のCDF を示します。

---

[†]　訳注：英文では、http://en.wikipedia.org/wiki/Pareto_distribution。日本語よりも詳しい。

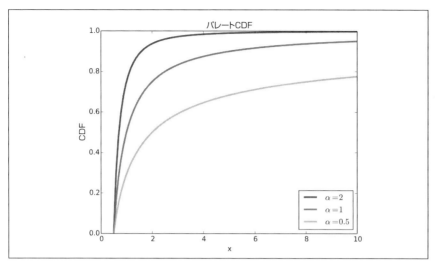

図 5-9　さまざまな母数でのパレート分布の CDF

　経験分布がパレート分布に適合するかどうか調べる簡単な方法があります。両対数目盛で CCDF が直線になるか調べるのです。どうしてわかるか考えましょう。
　パレート分布からサンプリングした標本の CCDF を通常の線形目盛でプロットすると、次のような関数になると期待できます。

$$y \approx \left(\frac{x}{x_m}\right)^{-\alpha}$$

両辺の対数を取ると、次のようになります。

$$\log y \approx -\alpha \, (\log x - \log x_m)$$

したがって、$\log y$ を $\log x$ に対してプロットすると、傾き $-\alpha$、切片 $\log x_m$ の直線のように見えるはずです。
　例として、市や町の規模を見てみましょう。米国国勢調査局は政務機能のある市や町の人口推定データを発表しています。
　http://www.census.gov/popest/data/cities/totals/2012/SUB-EST2012-3.html からデータをダウンロードして、本書のリポジトリに PEP_2012_PEPANNRES_with_ann.cs という名前のファイルで置きました。リポジトリには、ファイルを読み込んで人口分布をプロットする populations.py というのもあります。

図 5-10 は、両対数目盛で人口の CCDF を示します。市や町の上位 1%、すなわち $10^{-2}$ より下では、直線上に乗ります。したがって、複数の研究者が述べているように、この分布の裾はパレート分布に適合すると結論できます。

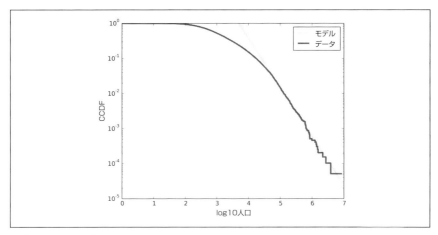

図 5-10　両対数目盛の市や町の人口の CCDF

他方で、対数正規分布もデータをよくモデル化しています。図 5-11 は、人口の CDF の対数正規モデル（左）と正規確率プロット（右）とを示します。対数正規モデルは、残りの 99% でよりよく適合します。どちらのモデルが適切かは、分布のどの部分が重要なのかに依存します。

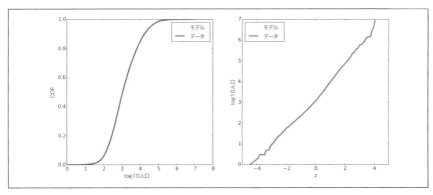

図 5-11　対数 x 軸目盛の市や町の人口の CDF（左）と対数変換人口の正規確率プロット（右）

## 5.6 乱数の生成

解析分布のCDFは、分布関数 $p = \text{CDF}(x)$ に従う乱数を生成するのにも役立ちます。CDFの逆関数を効率的に計算する方法があるなら、0と1の間の一様分布から $p$ を選び、そして $x$ を $x = \text{ICDF}(p)$ として選ぶことにより、適当な分布に従う乱数値を作れます。

例えば、指数分布のCDFは次のようになります。

$$p = 1 - e^{-\lambda x}$$

$x$ について解くと、次になります。

$$x = -\log(1-p)/\lambda$$

Pythonでは次のようになります。

```
def expovariate(lam):
    p=random.random()
    x=-math.log(1-p)/lam
    return x
```

`expovariate` は `lam` を取って、母数が `lam` の指数分布からランダムに選ばれた値を返します。

この実装についての注意が2つあります。母数を `lam` にしたのは、`lambda` がPythonの予約語だからです。また、log 0 が未定義なので、注意が必要です。`random.random` の実装は0は返しますが1は返しません。だから、$1-p$ は1を取ることはありますが0にはなりません。したがって、log(1-p) の値は不定になりません。

## 5.7 モデルが何の役に立つの？

本章の冒頭で多くの実世界の現象が解析分布でモデル化できると述べました。「それでどうなの？」と読者の中には疑問に思う方もいるかもしれません。

モデル一般に言えることですが、解析分布は抽象化、すなわち些末と考えられる詳細を省きます。例えば、観測された分布には、その標本特有の計測誤差やねじれがあるかもしれません。解析モデルはそれらの特異性を除去して滑らかにしたものです。

解析モデルはまた、データ圧縮の一形式でもあります。モデルがデータによく一致

するなら、少数の母数で大量のデータを要約できます。

時に、自然現象から得られたデータが解析分布に一致して驚くことがあります。このような観測はむしろ物理現象についての洞察を与えます。もしかすると、観測分布が、なぜそのような形になるのかうまく説明できることがあります。例えば、パレート分布は正のフィードバックが働く生成過程でよく見られるものです（いわゆる優先的選択プロセス、http://wikipedia.org/wiki/Preferential_attachment を参照してください）。

解析分布は 14 章で説明するように数学的な分析にも向いています。

しかし、重要なことは、すべてのモデルが不完全であることを銘記することです。実世界のデータは、解析分布に完全に適合することは決してありません。データがあたかもモデルから生成されたかのように話す人がいます。例えば、人間の身長の分布は正規であるとか、収入の分布は対数正規だという人がいます。文字どおりに受け取るなら、これらの文言は真ではありえません。実世界と数学的モデルとの間には常に差が残るからです。

モデルは、実世界の関連する側面を捉えて不必要な詳細を省いてくれるから有用なのです。しかし、何が「関連」して、何が「不必要」かは、そのモデルを何のために使うつもりなのかに依存します。

## 5.8　演習問題[†]

### 演習問題 5-1

BRFSS（「5.4　対数正規分布」参照）によると、身長の分布はほぼ正規分布で、男性は $\mu$ = 178 cm と $\sigma$ = 7.7 cm、女性は $\mu$ = 163 cm と $\sigma$ = 7.3 cm となる。

ブルーマン・グループ（http://casting.blueman.com/ 参照）に参加するには、男性で身長が 178 cm から 185 cm の間でないといけない。米国の男性でこの範囲に入るのは何%であるか。ヒント：scipy.stats.norm.cdf を使うこと。

### 演習問題 5-2

パレート分布の感覚を掴むために、もし人間の身長がパレート分布に従うとしたらどうなるか考えてみよう。母数を $x_m$ = 1 m、$\alpha$=1.7 とすると、妥当な、最低身長が 1 m、

---

[†] 演習問題 5-1 から 5-5 については、chap05ex.ipynb を利用できる。これらの問題の解答は chap05soln.ipynb にある。

中央値が 1.5 m の分布が得られる。

この分布をプロットしなさい。パレート世界での平均身長はいくつになったか。平均より低い身長の人はどれくらいの割合になったか。パレート世界に 70 億人いるとしたら、1,000 m より身長が高い人は何人だと期待されるか。最高身長はどれだけと期待されるか。

### 演習問題 5-3

指数分布の一般形として、故障解析から見つかった、ワイブル分布という分布があります（詳細は Wikipedia 日本語版の「ワイブル分布」を参照[†]）。この CDF は次のようになる。

$$\mathrm{CDF}(x) = 1 - e^{-(x/\lambda)^k}$$

どのような変換を施せば、ワイブル分布を直線にプロットできるかわかるだろうか。その傾きと切片は何を意味しているだろうか。

`random.weibullvariate` を使って、ワイブル分布に従う標本を生成しなさい。また、それを使って、先ほどの変換が正しかったかどうか確認しなさい。

### 演習問題 5-4

個数 $n$ が小さいときは、経験分布が解析分布に正確に一致するとは期待できない。一致の程度を測る方法の 1 つとして、解析分布から標本を生成して、それがデータとどれくらい一致するか調べる方法がある。

例えば、「**5.1　指数分布**」で出産間の時間分布をプロットして、近似的に指数であることを見た。しかし、分布は、たった 44 個のデータ点に基づくだけであった。データが指数分布から来たかどうか確認するために、データと同じ平均値、出産間が約 33 分という指数分布から 44 個の値を生成しなさい。

この乱数値の分布をプロットして、実際の分布と比較しなさい。値の生成に `random.expovariate` を使うことができる。

### 演習問題 5-5

本書のリポジトリには、`mystery0.dat, mystery1.dat` といった一連のデータファイ

---

[†] 訳注：原文は英語、http://wikipedia.org/wiki/Weibull_distribution。日本語よりも詳しい。

ルがある。各々は、解析分布から生成された乱数列を含む。

さらに、ファイルからデータを読み込んで CDF をさまざまに変換してプロットするスクリプト test_models.py がある。実行は次のようにする。

$ python test_models.py mystery0.dat

こういったプロットから、各ファイルがどの分布から生成されたか推論できるはずだ。困ってしまうようなら、ファイルを生成したコードが含まれている mystery.py を見なさい。

### 演習問題 5-6

富と収入の分布は、対数正規とパレート分布を使ってモデル化されることがある。どちらがより良いか調べるために、データを見てみよう。

**人口動態調査**（Current Population Survey、CPS）は、米国労働統計局と国勢調査局とが協働して収入と関連する変数を調査しているものである。2013 年にまとめられたデータは http://www.census.gov/hhes/www/cpstables/032013/hhinc/toc.htm から得られる。hinc06.xls にダウンロードしてあるが、これは、家計収入についての Excel のスプレッドシートで、本書のリポジトリにある CSV ファイル hinc06.csv に変換してある。このファイルを読み込んでデータを変換する hinc2.py もある。

このデータセットから収入の分布を抽出しなさい。本章の解析分布でデータの良いモデルになるものがあるだろうか。この問題の解は hinc_soln.py にある。

## 5.9 用語集

**経験分布**（empirical distribution）
　標本に含まれる値の分布。

**解析分布**（analytic distribution）
　CDF が解析関数である分布。

**モデル**（model）
　有用な単純化。多くの場合に、解析分布が、より複雑な経験分布の良いモデルとなる。

**到着時間間隔（interarrival time）**

2つの事象間の時間。

**相補 CDF（complementary CDF、CCDF）**

値 $x$ に対して、$x$ を超える値の割合、すなわち $1 - \mathrm{CDF}(x)$ を対応させる関数。

**標準正規分布（standard normal distribution）**

平均が0、標準偏差が1の正規分布。

**正規確率プロット（normal probability plot）**

標準正規分布の乱数値を片方の軸に、標本中の値をもう片方の軸にプロットしたもの。

# 6章
# 確率密度関数[†]

## 6.1 PDF

CDF の導関数は**確率密度関数**（probability density function、PDF）と呼ばれます。例えば、指数分布の PDF は次のようになります。

$$\mathrm{PDF}_{\mathrm{expo}}(x) = \lambda\, e^{-\lambda x}$$

正規分布の PDF は次のようになります。

$$\mathrm{PDF}_{\mathrm{normal}}(x) = \frac{1}{\sigma\sqrt{2\pi}} \exp\left[-\frac{1}{2}\left(\frac{x-\mu}{\sigma}\right)^2\right]$$

ある値 $x$ について PDF を計算することはあまり意味がありません。結果は確率ではなく確率密度だからです。

物理学では、密度は単位体積当たりの質量と定義されます。質量を計算するためには、体積を乗じるか、密度が一定でないなら全体にわたって積分する必要があります。

似たように、**確率密度**（probability density）は $x$ の単位当たりの確率を表します。確率質量を計算するためには、$x$ について積分しなければなりません。

thinkstats2 は確率密度関数を表すクラス Pdf を提供します。Pdf オブジェクトは、次のようなメソッドを提供します。

---

[†] 本章のコードは、density.py にある。コードのダウンロードや扱い方については、viii ページの「コードを使う」を参照してほしい。

Density
: 値xを取りxでの分布の密度を返します。Render離散集合の値に対して確率密度を計算して、ソートした値のシーケンスxsと各値の確率密度のシーケンスdsを返します。

MakePmf
: 値の離散集合でDensityを評価して、Pdfを近似する正規化Pmfを返します。

GetLinspace
: RenderとMakePmfで使われる点のデフォルト集合を返します。

Pdfは抽象親クラスなので、インスタンス化すべきではありません。すなわち、Pdfオブジェクトは作れません。その代わりに、Pdfを継承して、DensityとGetLinspaceの定義を与える子クラスを定義すべきです。Pdfは、RenderとMakePmfを提供します。

例えば、thinkstats2は、正規密度関数を評価する、NormalPdfという名のクラスを提供します。

```
class NormalPdf(Pdf):

    def __init__(self, mu=0, sigma=1, label=''):
        self.mu = mu
        self.sigma = sigma
        self.label = label

    def Density(self, xs):
        return scipy.stats.norm.pdf(xs, self.mu, self.sigma)

    def GetLinspace(self):
        low, high = self.mu-3*self.sigma, self.mu+3*self.sigma
        return np.linspace(low, high, 101)
```

NormalPdfオブジェクトは、パラメータmuとsigmaを含みます。Densityはscipy.stats.normを使いますが、これは、正規分布を表しcdfとpdfというメソッドを提供します（「5.2　正規分布」参照）。

次の例は、BRFSSからの成人女性の身長のcmでの平均と分散からNormalPdfを作成します（「5.4　対数正規分布」参照）。そして、平均から1標準偏差の位置で分

布の密度を計算します。

```
>>> mean, var = 163, 52.8
>>> std = math.sqrt(v ar)
>>> pdf = thinkstats2 .NormalPdf(mean, std)
>>> pdf.Density(mean + std)
0.0333001
```

結果は約 0.03、単位は cm 当たりの確率質量です。確率密度それ自体は、前にも述べたようにそれほど意味はありません。しかし、Pdf をプロットすれば、分布の形がわかります。

```
>>> thinkplot.Pdf(pdf, label='normal')
>>> thinkplot.Show()
```

thinkplot.Pdf は、Pmf をステップ関数のように描く thinkplot.Pmf とは異なり、Pdf を円滑な関数としてプロットします。図 6-1 は結果を、標本から推定した PDF（次節で計算する）とともに示します。

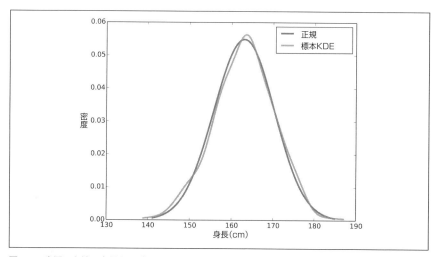

図 6-1　米国の女性の身長をモデル化した正規 PDF と $n = 500$ の標本のカーネル密度推定

MakePmf を使って Pdf を近似できます。

```
>>> pmf = pdf.MakePmf()
```

デフォルトでは、結果の Pmf は、mu-3*sigma から mu+3*sigma まで均等にばらまかれた 101 個の点を含みます。MakePmf と Render は、low, high, n というキーワード引数をオプションとして取ることができます。

## 6.2 カーネル密度推定

**カーネル密度推定**（Kernel density estimation、KDE）は、標本を入力として、データに合致する近似的な円滑 PDF を求めるアルゴリズムです。詳細は、http://ja.wikipedia.org/wiki/カーネル密度推定[†]で読めます。

scipy は KDE の実装を提供し、thinkstats2 はその KDE を使う EstimatedPdf クラスを提供します。

```
class EstimatedPdf(Pdf):

    def __init__(self, sample):
        self.kde = scipy.stats.gaussian_kde(sample)

    def Density(self, x):
        return self.kde.evaluate(x)
```

\_\_init\_\_ は標本を取って、カーネル密度推定を計算します。結果は evaluate メソッドを提供する gaussian_kde オブジェクトです。

Density は値かシーケンスを取り、gaussian_kde.evaluate を呼び出し、結果として密度を返します。名前に「Gaussian」という語が含まれるのは、KDE を平滑化するのにガウス（正規）分布に基づくフィルターを使うからです。

正規分布から標本を生成して、それに適合する EstimatedPdf を作る例は次のようになります。

```
>>> sample = [random.gauss(mean, std) for i in range(500)]
>>> sample_pdf = thinkstats2.EstimatedPdf(sample)
>>> thinkplot.Pdf(pdf, label='sample KDE')
```

Sample は 500 個のランダムな身長のリスト、sample_pdf は標本の推定 KDE を含

---

[†] 訳注：英語版では http://en.wikipedia.org/wiki/Kernel_density_estimation、日本語よりも詳しい。

む Pdf オブジェクトです。pmf は、等間隔のシーケンスで密度評価することで Pdf を近似する Pmf オブジェクトです。

図 6-1 は、正規密度関数と 500 個のランダムな身長の標本に基づいた KDE を示しています。推定は、元の分布によく合っています。

KDE での密度関数の推定は次のような目的に役立ちます。

**可視化**

プロジェクトの探索段階では、CDF が通常最良の可視化です。CDF を見れば、推定 PDF が分布の適切なモデルかどうか決められます。適切なら、CDF をよく知らない聴衆に対してその分布を提示するのもいいでしょう。

**内挿（補間）**

推定 PDF は、標本から母集団をモデル化する 1 つの方法です。母集団分布が円滑であると信じる理由があるなら、KDE を使って、標本には欠けている値の密度を内挿できます。

**シミュレーション**

たいていのシミュレーションは標本分布に基づいています。しかし、標本サイズが小さいときは、KDE を使って標本分布を円滑化するのが適当かもしれません。それにより、シミュレーションで、観察データを複製するのではなく、可能な結果をより多く探索できます。

## 6.3 分布のフレームワーク

これまでに、PMF、CDF、PDF を勉強しました。ここで、これらについて、少しまとめてみましょう。図 6-2 は、これらの関数が互いにどのような関係になっているかを示しています。

私たちは PMF から始めました。これは、離散値の集合の確率を表す関数です。PMF から CDF を計算するためには、確率質量を足し合わせて累積確率を計算します。逆に、累積確率の差を計算すれば、CDF から PMF を求めることができます。これらの操作の実装についてはこの後の節で見ていきます。

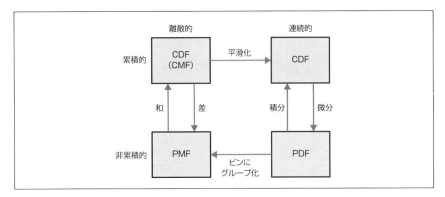

図6-2 分布関数表現の関係を示すフレームワーク

　PDF は連続的な CDF を微分したものになります。あるいは、同じことですが、CDF は PDF を積分したものになります。PDF が値から確率密度への対応関係であることは覚えておいてください。確率を求めるには積分する必要があるのです。

　離散分布から連続分布を求める方法には、さまざまな平滑化があります。1つの平滑化として、データが解析的な連続分布（例えば、指数分布や正規分布）に従うと仮定して、その分布の母数を推定する方法があります。他にはカーネル密度推定を使う方法があります。

　平滑化の反対は、**離散化**（discretizing）、あるいは、**量子化**（quantizing）です。PDF を離散点で評価すると、PDF の近似である PMF を生成します。数値積分を用いてより良い近似が得られます。

　連続 CDF と離散 CDF とを区別するために、離散 CDF を「累積質量関数」と呼ぶ方がいいのかもしれませんが、この語が使われているのを聞いたためしがありません。

## 6.4　Hist 実装

　ここまでで、thinkstats2 で提供される Hist, Pmf, Cdf, Pdf という基本型をどのように使えばよいかわかったはずですが、この節以降でそれらの実装の詳細を述べます。これらのクラスを効率良く使うために役立つはずですが、どうしても読まなければいけないわけではありません。

　Hist と Pmf は、_DictWrapper という親クラスを継承します。先頭のアンダースコアは、このクラスが「内部使用」であることを示します。すなわち、他のモジュール

のコードで使うべきではありません。名前は内容を示しています。すなわち、辞書のラッパーです。基本属性は d で、値を度数に対応させる辞書です。

値はハッシュ可能な型なら何でもかまいません。度数は整数でなければなりませんが、数値型なら何でもかまいません。

_DictWrapper は、Hist と Pmf の両方に適切なメソッド __init__, Values, Items, Render を含みます。修飾子メソッド Set, Incr, Mult, Remove も含みます。これらのメソッドはすべて辞書演算として実装されています。例えば、次のとおりです。

```
# class _DictWrapper

    def Incr(self, x, term=1):
        self.d[x] = self.d.get(x, 0) + term

    def Mult(self, x, factor):
        self.d[x] = self.d.get(x, 0) * factor

    def Remove(self, x):
        del self.d[x]
```

Hist には、指定した値の度数を調べる Freq もあります。

Hist 演算子とメソッドとは辞書に基づいているので、定数時間演算です。すなわち、Hist が大きくなっても実行時間は増えません。

## 6.5 Pmf 実装

Pmf と Hist とは、Pmf が値を浮動小数点数の確率に対応させるということを除けばほとんど同じです。確率の和が 1 なら、Pmf は正規化されています。

Pmf は、確率の和を計算して、ある定数でそれぞれを割る Normalize を提供します。

```
# class Pmf

    def Normalize(self, fraction=1.0):
        total = self.Total()
        if total == 0.0:
            raise ValueError('Total probability is zero.')

        factor = float(fraction) / total
        for x in self.d:
            self.d[x] *= factor
```

```
        return total
```

fractionは、正規化した後の確率の和を決めます。デフォルトでは1です。全確率が0ならPmfは正規化できないので、NormalizeはValueErrorを起こします。

HistとPmfは、同じコンストラクタを持ちます。引数として、dict, Hist, Pmf, Cdf, pandas Series、(値, 度数)対のリスト、シーケンスを取れます。

Pmfをインスタンス化すると、結果は正規化されます。Histをインスタンス化した場合は、正規化されません。正規化しないPmfを作るには、空のPmfを生成して修飾します。Pmf修飾子はPmfを再正規化しません。

## 6.6 Cdf実装

CDFは値を累積確率に対応させるので、Cdfを_DictWrapperとして実装することも可能です。しかし、CDFの値は順序付けられているのですが、_DictWrapperの値はそうではありません。さらに、逆CDFを計算することが役立つことが多いのです。すなわち、累積確率から値への対応付けです。そこで、2つのソートしたリストで実装しました。これで、二分探索を前方でも後方でも対数時間で行うことができます。

Cdfコンストラクタは、パラメータとして、値のシーケンス、pandas Series、値から確率へ対応付ける辞書、(値, 度数)対のリスト、Hist, Pmf, Cdfを取れます。パラメータが2つなら、ソートした値のシーケンスと対応する累積確率のシーケンスであるとして扱います。

シーケンス、pandas Series、辞書が与えられると、コンストラクタはHistを作ります。それから、そのHistを使って属性を初期化します。

```
self.xs, freqs = zip(*sorted(dw.Items()))
self.ps = np.cumsum(freqs, dtype=np.float)
self.ps /= self.ps[-1]
```

xsは値をソートしたリスト、freqsは対応する度数のリストです。np.cumsumは、度数の累積和を計算します。値が$n$個なら、Cdfを構築する時間は$n \log n$に比例します。

値をとって、累積確率を返すProbの実装は次のとおりです。

```
# class Cdf
    def Prob(self, x):
        if x < self.xs[0]:
```

```
            return 0.0
        index = bisect.bisect(self.xs, x)
        p = self.ps[index - 1]
        return p
```

モジュール bisect は、二分探索の実装を提供します。累積確率をとって対応する値を返す Value の実装は、次のようになります。

```
# class Cdf
    def Value(self, p):
        if p < 0 or p > 1:
            raise ValueError('p must be in range [0, 1]')

        index = bisect.bisect_left(self.ps, p)
        return self.xs[index]
```

Cdf があれば、引き続く累積確率の差を計算することで Pmf を計算できます。Cdf コンストラクタを呼び出して Pmf を渡せば、Cdf.Items を呼び出して差を計算します。

```
# class Cdf
    def Items(self):
        a = self.ps
        b = np.roll(a, 1)
        b[0] = 0
        return zip(self.xs, a-b)
```

np.roll は、a の要素を右にシフトして、最後の要素を先頭に「回転」して持ってきます。その後、b の最初の要素を 0 で置き換え、差 a-b を計算します。結果は、確率の NumPy 配列です。

Cdf は、その中の値を修飾する Shift と Scale を提供しますが、確率は変更不能として扱われるべきです。

## 6.7 モーメント

標本を取って、単一の数値に簡約したなら、その数値は統計量です。これまで登場した統計量は、平均、分散、中央値、四分位範囲でした。

**素モーメント**（raw moment）も統計量の一種です。値 $x_i$ の標本があれば、$k$ 次の素モーメントは、次になります。

$$m_k = \frac{1}{n}\sum_i x_i^k$$

Python表記でなら、次のようになります。

```
def RawMoment(xs, k):
    return sum(x**k for x in xs) / len(xs)
```

$k = 1$なら、結果は標本平均$\bar{x}$です。他の素モーメントは、それ自体ではあまり意味がありませんが、ある種の計算に用いられます。

**中心モーメント**（central moment）はより有用です。$k$次の中心モーメントは次のようになります。

$$m_k = \frac{1}{n}\sum_i (x_i - \bar{x})^k$$

Python表記では、次のようになります。

```
def CentralMoment(xs, k):
    mean = RawMoment(xs, 1)
    return sum ((x - mean)**k for x in xs) / len(xs)
```

$k = 2$なら2次の中心モーメント、すなわち分散であることに気付くでしょう。分散の定義は、なぜこれらの統計量がモーメントと呼ばれるかヒントを与えてくれます。もしも各位置$x_i$で定規に錘を垂らし、平均値を中心にして定規を回すと、錘の回転の慣性モーメントが値の分散に相当します。慣性モーメントについて詳しくは、Wikipediaを参照してください[†]。

モーメント基盤統計量について述べるときには、単位について考えることが重要です。例えば、値$x_i$がcmでなら、1次の素モーメントもcmです。しかし、2次モーメントは$cm^2$、3次モーメントは$cm^3$というようになります。

この単位のことがあるので、モーメントはそれ自体解釈が困難です。そのために、2次モーメントについて、普通は標準偏差を使うのです。標準偏差は分散の平方根なので単位が$x_i$と同じです[‡]。

---

[†] 訳注：慣性モーメントは、物理の用語で統計の用語ではない。英語の http://en.wikipedia.org/wiki/Moment_of_inertia のほうが日本語より断然詳しいが、統計についての記述はない。

[‡] 訳注：日本語版のWikipediaなどで、「変量統計のモーメント」という項目を調べると、1次モーメントが期待値、2次は分散、3次は歪度、4次は尖度というような記述が数式とともに与えられている。著者によると、モーメントは、第一に、単位のついた量であること、第二に、抽象的な量であることの2つによって、解釈が困難だという。

## 6.8 歪度

**歪度**（skewness）は分布の形態を記述する特性です。分布が中央の傾向に関して対称的なら歪みはありません。値が右の方向に延びているなら「右に歪んで」、値が左に延びているなら「左に歪んで」います。

「歪んだ」というこの語の使用は、「偏った（biased）」という普通の意味はありません[†]。歪度は分布の形についてしか述べません。標本化過程にバイアスがあったかどうかについては何も述べません。

分布の歪度の定量化には、いくつかの統計量が普通用いられます。値の列 $x_i$ が与えられたときに、**標本歪度**（sample skewness）$g_1$ は次のようになります。

```
def StandardizedMoment(xs, k):
    var = CentralMoment(xs, 2)
    std = math.sqrt(var)
    return CentralMoment(xs, k) / std**k

def Skewness(xs):
    return StandardizedMoment(xs, 3)
```

$g_1$ は3次**標準化モーメント**（standardized moment）で、正規化されて単位を持ちません。

負の歪度は、分布が左に歪んでいることを示しています。正の歪度は分布が右に歪んでいることを示します。$g_1$ の大きさは、歪みの強度を示しますが、それだけでは解釈は容易ではありません。

実用的には、標本歪度の計算は得策ではありません。もし外れ値があったら $g_1$ が過度の影響を受けてしまうからです。

分布の非対称性を測るもう1つの方法は、算術平均値と中央値の関係を調べることです。極端な外れ値は、中央値よりも算術平均値に大きな影響を与えるので、左に歪んだ分布では、算術平均値が中央値よりも小さくなるのです。右に歪んだ分布では、平均値が大きくなります。

**ピアソンの中央値歪度係数**（Pearson's median skewness coefficient）は、標本平均と中央値の相違に基づいた歪度の尺度です。

$$g_p = 3(\bar{x} - m)/S$$

---

[†] 訳注：日本語では、分布の形について「偏り」を使うことがあり、その偏りは、歪みの方向の逆である。例えば、「右に歪んで」いる分布は、左に偏っている、という。

ここで$\bar{x}$は標本平均、$m$は中央値、$S$は標準偏差です。Pythonでは次のようになります。

```
def Median(xs):
    cdf = thinkstats2.MakeCdfFromList(xs)
    return cdf.Value(0.5)

def PearsonMedianSkewness(xs):
    median = Median(xs)
    mean = RawMoment(xs, 1)
    var = CentralMoment(xs, 2)
    std = math.sqrt(var)
    gp = 3 * (mean - median) / std
    return gp
```

この統計値は**頑健**（robust）です。頑健というのは、外れ値の影響を受けにくいということです。

例として、NSFG妊娠データの出生時体重の歪みを見てみましょう。PDFを推定してプロットするコードは次のようになります。

```
live, firs ts, others = first.MakeFrames()
data = live.totalwgt_lb.dropna()
pdf = thinkstats2.EstimatedPdf(data)
thinkplot.Pdf(pdf, label='birth weight')
```

図6-3に結果を示します。左側の裾が右側より長いので、分布が左に歪んでいる疑いがあります。平均7.27ポンド（lbs）は、中央値7.38ポンド（lbs）より小さく、左の歪みに合致しています。歪度係数については、標本歪度は−0.59、ピアソンの中央値歪度が−0.23で、両方の歪度係数が負です。

この分布とBRFSSの成人体重の分布とを比べてみましょう。コードは次のようになります。

```
df = brfss.ReadBrfss(nrows=None)
data = df.wtkg2.dropna()
pdf = thinkstats2.EstimatedPdf(data)
thinkplot.Pdf(pdf, label='adult weight')
```

定した収入上限に依存するか。

## 6.10 用語集

**確率密度関数（probability density function、PDF）**
連続的な CDF の微分、値を確率密度に対応させる関数。

**確率密度（probability density）**
値の範囲で積分すると確率になる量。値が、例えば cm 単位なら、確率密度は確率 /cm という単位になる。

**カーネル密度推定（kernel density estimation、KDE）**
標本に基づいて PDF を推定するアルゴリズム。

**離散化する（discretize）**
連続関数もしくは分布を離散関数で近似すること。逆は、平滑化。

**素モーメント（raw moment）**
データのべき乗の和に基づいた統計量。

**中心モーメント（central momen）**
平均からの偏差のべき乗に基づいた統計量。

**標準化モーメント（standardized moment）**
単位を持たないモーメントの比。

**歪度（skewness）**
分布がどれくらい非対称かの尺度。

**標本歪度（sample skewness）**
分布の歪度を定量化することを目的としたモーメント基盤統計量。

**ピアソンの中央値歪度係数（Pearson's median skewness coefficient）**
中央値、平均、標準偏差に基づいた分布の歪度を定量化することを目的とした統計量。

**頑健(robust)**
　ある統計量が外れ値の影響をあまり受けないとき、その統計量は頑健である。

# 7章 変数間の関係[†]

　これまでは、1つの変数だけを見てきました。本章では変数間の関係に注目します。もし片方の変数について知ることが他方についての情報になるなら、2変数は関係していると言います。例えば、身長と体重とは関係していて、背の高い人は体重もあります。もちろん、これは完全な関係ではありません。背が低くて重い人や、背が高くて軽い人もいます。しかし、体重を推測する場合、身長がわかっている方が、わからないよりも、より正確に推測できるでしょう。

## 7.1　散布図

　2変数の関係を調べる最も簡単な方法は**散布図**（scatter plot）ですが、優れた散布図がいつも簡単に作れるわけではありません。例として、BRFSSの回答者の体重と身長をプロットします（「**5.4　対数正規分布**」参照）。

　データファイルを読み込んで身長と体重を抽出するコードは次のようになります。

```
df = brfss.ReadBrfss(nrows=None)
sample = thinkstats2.SampleRows(df, 5000)
heights, weights = sample.htm3, sample.wtkg2
```

`SampleRows`は、データの部分集合を無作為に選び出します。

```
def SampleRows(df, nrows, replace=False):
    indices = np.random.choice(df.index, nrows, replace=replace)
```

---

[†] 本章のコードは、scatter.pyにある。コードのダウンロードや扱い方については、viiiページの「コードを使う」を参照してほしい。

```
        sample = df.loc[indices]
        return sample
```

df は DataFrame で、nrows は選ぶ行数、replace は、標本が置き換えられるべきかどうか、言い換えると、同じ行が複数選ばれるかどうかを示す論理値です。

thinkplot は散布図をプロットする Scatter を提供します。

```
thinkplot.Scatter(heights, weights)
thinkplot.Show(xlabel='Height (cm)',
               ylabel='Weight (kg)',
               axis=[140, 210, 20, 200])
```

**図 7-1** の左側の結果が関係の形を示します。予想どおり、背が高い人ほど体重が重くなる傾向があります。

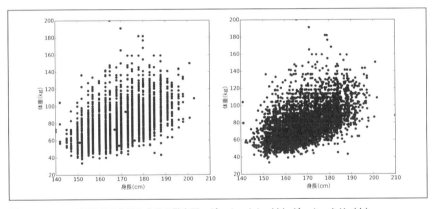

**図 7-1**　RFSS の回答者の体重と身長の散布図、ジッターなし（左）ジッターあり（右）

しかし、これは、データの最良の表現というわけではありません。なぜならデータは押し込められて列状になっているからです。問題は身長がインチに丸められた後、さらにセンチに変換されて再び丸められていることです。変換過程で情報が欠落しています。

その情報を元に戻すことはできませんが、データを**ジッタリング**（jittering）することによって散布図への影響を最小限に抑えることができます。ランダムノイズを加えて丸めとは逆の効果を与えます。計測値はインチに丸められているので、最大で 0.5 インチ、つまり 1.3 センチが切り捨てられています。同様に、体重は 0.5 kg が切り捨

てられています。

```
heights = thinkstats2.Jitter(heights, 1.3)
weights = thinkstats2.Jitter(weights, 0.5)
```

Jitterの実装は次のようになります。

```
def Jitter(values, jitter=0.5):
    n = len(values)
    return np.random.uniform(-jitter, +jitter, n) + values
```

valuesは、どんな列でもかまいません。結果はNumPy配列です。

図7-1の右側が結果を示します。ジッタリングで丸めによる視覚効果が埋め合わされ、関係の形が明確になります。一般的に、データのジッタリングは可視化の目的で使うべきで、解析のためのジッタリングは避けましょう。

たとえジッタリングしたとしても、データの表現方法として最良というわけではありません。重なっている点が数多くあり、図の濃い部分はデータを隠してしまい、外れ値が強調されてしまいます。この効果は**飽和**（saturation）と呼ばれます。

この問題は、点を部分的に透明にするalphaパラメータで解決できます。

```
thinkplot.Scatter(heights, weights, alpha=0.2)
```

図7-2の左側が結果を示します。データ点の重複は濃く見えるので、濃さが密度に比例します。この版のプロットでは、これまで見られなかった2つの気になるところがあります。複数の高さでの縦方向の塊と90 kgつまり200ポンド付近の水平の線です。このデータは、ポンド単位での自己申告に基づいているので、最もありそうな説明は、四捨五入して答えた人がいるということでしょう。

透明化はあまり大きくないデータセットに向いていますが、この図では全部で414,509あるうちのBRFSSの最初の5,000レコードのみを表しています。

さらに大きなデータセットを扱うためには、hexbinプロット（六角形ビン分割プロット）を使うのも1つの手です。このプロットでは、グラフを六角形のビンに分割して、それぞれのビンに含まれるデータ点の数に従い色分けします。thinkplotではHexBinを用意しています。

```
thinkplot.HexBin(heights, weights)
```

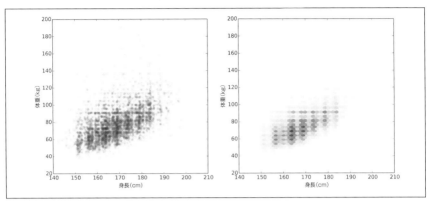

図 7-2　ジッターと透明化（左）と六角形ビン分割プロットによる散布図（右）

図 7-2 の右側は結果を表しています。hexbin の長所は、生成するファイルのサイズについても時間についても、関係性もうまく表し、また大きなデータセットに対しても効果的な点です。逆に難点は、外れ値が見えなくなってしまう点です。

この話の教訓は、誤解を招きかねない余計なものをもたらさず、明確な関係を表す散布図の作成は簡単でないということです。

## 7.2　関係を特徴付ける

散布図は、変数間関係の全般的な印象を与えますが、関係の性質についてより深い洞察を与えてくれる可視化が他にもあります。その 1 つが、ある変数をビンに分けて、他の変数のパーセンタイルをプロットするものです。

NumPy と pandas では、そのようにデータをビンに分ける関数を用意しています。

```
df = df.dropna(subset=['htm3', 'wtkg2'])
bins = np.arange(135, 210, 5)
indices = np.digitize(df.htm3, bins)
groups = df.groupby(indices)
```

dropna は、カラムの中で nan を持つ行を削除します。arange は NumPy 配列のビンを 135 から 210 の前まで 5 ずつ増やして作ります。

digitize は、df.htm3 の各値を含むビンのインデックスを計算します。結果は整数インデックスの NumPy 配列です。最小値のビンよりも低い値は、インデックス 0 に

対応させます。最高値のビンより大きな値は、len(bins) に対応させます。

groupby は、GroupBy オブジェクトを返す DataFrame メソッドです。for ループを使ってグループの中の名前とそれを表す DataFrame とについて groups を反復処理します。

```
for i, group in groups:
    print(i, len(group))
```

各グループについて、身長の平均と体重の CDF を計算できます。

```
heights = [group.htm3.mean() for i, group in groups]
cdfs = [thinkstats2.Cdf(group.wtkg2) for i, group in groups]
```

最後に、体重対身長のパーセンタイルをプロットできます。

```
for percent in [75, 50, 25]:
    weights = [cdf.Percentile(percent) for cdf in cdfs]
    label ='%dth' % percent
    thinkplot.Plot(heights, weights, label=label)
```

図 7-3 に結果を示します。140 cm から 200 cm では、変数の関係はほぼ線形です。この範囲は、データの 99 % 以上を含むので、両端の値についてあまり心配する必要はありません。

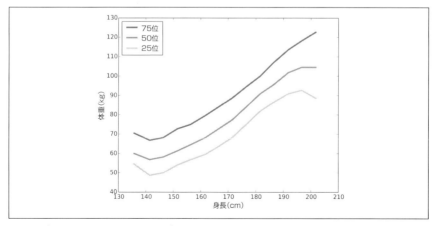

図 7-3　身長をある範囲で区分けしたデータに対する体重のパーセンタイル

## 7.3 相関

**相関**（correlation）は、2変数間の関係の強さを示すための統計量です。

相関関係を測る上で、比較したい変数が同じ単位で表現されているとは限りません。また同じ単位であったとしても、それらは異なる分布からきていることがあります。

この問題を解決するには一般的な解決法が2つあります。

- 値を、平均からの標準偏差の個数で表す、**標準得点**（standard scores）に変換する。これにより、「ピアソンの積率相関係数（product-moment correlation coefficient）」が求められる。
- 値を、値のソート表のインデックスである、**順位**（rank）に変換する。これにより、「スピアマンの順位相関係数」が求められる。

$X$ が、$n$ 個の値 $x_i$ からなるシーケンスの場合、$x_i$ から平均を引き標準偏差で割ると標準得点 $z_i$ に変換できます。つまり、$z_i = (x_i - \mu)/\sigma$ です。

分子は偏差、すなわち平均からの距離です。$\sigma$ で割って偏差を**標準化**（standardize）すると、$Z$ は無次元（単位なし）で、その分布は平均 0、分散は 1 です。

$X$ の分布が正規化されていれば、$Z$ もそうなります。しかし、$X$ が歪んでいたり、外れ値を持つ場合は、$Z$ も同様になります。この場合、パーセンタイル順位を使うほうがより頑健です。$r_i$ が $x_i$ の順位となるような新たな変数 $R$ を計算すると、$X$ の分布にかかわらず $R$ の分布は 0 から 100 までの一様分布となります。

## 7.4 共分散

**共分散**（covariance）は一緒に変化する2つの変数の傾向を測る尺度です。数列 $X$ と $Y$ があるとき、その平均からの偏差は次のようになります。

$dx_i = x_i - \bar{x}$
$dy_i = y_i - \bar{y}$

ここで $\bar{x}$ は $X$ の標本平均、$\bar{y}$ は $Y$ の標本平均です。$X$ と $Y$ が一緒に変動するなら、これら2つの偏差は同じ符号になるでしょう。

2つの偏差を掛け合わせる場合、偏差が同じ符号を持つなら積は正の数になり、異

なる符号を持つ場合は負の数になります。そのため、積の和が、$X$と$Y$が一緒に変動するかどうかを示す尺度になります。

共分散とはこの偏差の積の平均です。

$$Cov(X, Y) = \frac{1}{n}\sum dx_i\, dy_i$$

ここで$n$は2つの数列の長さです（両者は同じ長さを持つ必要があります）。

線形代数を勉強していれば、Cov が偏差ベクトルの内積（ドット積）をその長さで割ったものだとわかるでしょう。したがって、Cov は 2 つのベクトルが同じ方向なら最大で、直交していれば 0、反対の方向を向いているなら負になります。thinkstats2 は、np.dot を使って Cov を効率的に実装しています。

```
def Cov(xs, ys, meanx=None, meany=None):
    xs = np.asarray(xs)
    ys = np.asarray(ys)

    if meanx is None:
        meanx = np.mean(xs)
    if meany is None:
        meany = np.mean(ys)

    cov = np.dot(xs-meanx, ys-meany) / len(xs)
    return cov
```

デフォルトでは、Cov は標本平均からの偏差を計算しますが、既知の平均を与えることもできます。xs と ys が Python のシーケンスなら、np.asarray が NumPy 配列に変換してくれます。すでに NumPy 配列なら np.asarray は何もしません。

共分散のこの実装は、説明のために単純化しています。Numpy と pandas は、共分散の実装も提供しますが、両方とも、いままで登場したことがないような、小さな標本サイズのための修正を適用し、np.cov が共分散行列を返します。これらは、現時点では必要のないことです。

## 7.5 ピアソンの相関

共分散は、ある種の計算において便利です。しかし、解釈が難しいため、要約統計量としては使われることはほとんどありません。他の問題としては、共分散の単位は$X$と$Y$の単位の積ということがあります。例えば、BRFSS データセットの体重と身

長の共分散は、113 kg-cm ですが、この単位自体にはあまり意味がありません。

共分散のこの問題を解く1つの方法として、偏差を標準偏差で割って標準得点を求め、標準得点の積を求める方法があります。

$$p_i = \frac{(x_i - \bar{x})}{S_X} \frac{(y_i - \bar{y})}{S_Y}$$

ここで、$S_X$ と $S_Y$ は $X$ と $Y$ の標準偏差です。この積の平均は次のようになります。

$$\rho = \frac{1}{n}\sum p_i$$

あるいは、$p_i$ の $S_X$ と $S_Y$ を外に出して、次のように書き換えられます。

$$\rho = \frac{Cov(X, Y)}{S_X S_Y}$$

この $\rho$ は、著名な初期の統計学者カール・ピアソン（Karl Pearson）の名前を取って**ピアソンの相関係数**（Pearson's correlation）と呼ばれます。求めやすくて解釈もしやすいものです。標準得点は無次元なので、$\rho$ もまた無次元です。

thinkstats2 での実装は次のようになります。

```
def Corr(xs, ys):
    xs = np.asarray(xs)
    ys = np.asarray(ys)

    meanx, varx = MeanVar(xs)
    meany, vary = MeanVar(ys)

    corr = Cov(xs, ys, meanx, meany) / math.sqrt(varx * vary)
    return corr
```

MeanVar は平均と分散を計算します。np.mean と np.var とを別々に呼び出すよりも少し効率よく計算します。

ピアソンの相関係数は−1から+1の間の（両端を含む）値になります。$\rho$ が正なら、相関が正だと言い、1つの変数が大きいと他方も大きいことを意味します。$\rho$ が負なら、相関は負で、一方の変数が大きいと、他方は小さくなります。

$\rho$ の大きさは相関の強さを表します。$\rho = 1$ または −1 なら、変数は完全に相関します。つまり、一方がわかれば、もう一方が完璧に予測できます。

実世界のほとんどの相関は完全ではありませんが、それでも役に立ちます。身長と体重の相関は、0.51 で、同様の人間に関する変数と比較すると、強い相関になります。

## 7.6 非線形関係

ピアソンの相関係数が 0 に近ければ、変数間に何の関係もないと結論付けたくなりますが、その結論は妥当ではありません。ピアソンの相関係数は線形（linear）な関係のみの指標です。変数間に非線形な関係があると、$\rho$ はその強さを反映できません。

図 7-4 は、http://wikipedia.org/wiki/Correlation_and_dependence から取られたものです。これは注意深く作られたデータセットの散布図と相関係数を示しています。

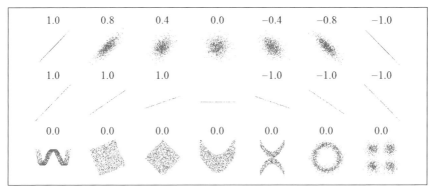

図 7-4　さまざまな相関のデータセットの例

一番上の列はさまざまな相関係数に対する線形相関の例を示しています。これから、$\rho$ の値が異なるとどのような相関になるかがわかります。2 番目の列はさまざまな傾きを持つ完全な相関を示します。傾きは相関に関係ないことがわかります（傾きの推定についてはすぐあとで説明します）。3 番目の列は、明らかな相関があるものの、非線形なので相関係数が 0 になるようなデータセットを示しています。

この話の教訓は、やみくもに相関係数を求めるのではなく、その前にいつもデータの散布図を見るべきだ、ということです。

## 7.7 スピアマンの順位相関

ピアソンの相関係数は変数間の相関が線形で、分布がほぼ正規分布ならば、うまく

機能しました。しかし、外れ値に対しては頑健ではありません。スピアマンの順位相関係数は外れ値と歪んだ分布の影響を軽減するものです。スピアマンの順位相関係数を求めるためには、それぞれの値の**順位**（rank）を求めなくてはいけません。これは、ソートした標本におけるインデックスに相当します。例えば、標本[1, 2, 5, 7]では、5の順位は3です。要素をソートした場合、5は3番目に来るからです。そして、その順位に対するピアソンの相関係数を求めます。

`thinkstats2`は、スピアマンの順位相関を計算する関数を提供します。

```
def SpearmanCorr(xs, ys):
    xranks = pandas.Series(xs).rank()
    yranks = pandas.Series(ys).rank()
    return Corr(xranks, yranks)
```

引数をpandasのSeriesオブジェクトに変換するので、各値について順位を計算してSeriesオブジェクトを返すrankを使うことができます。それから、Corrを使って順位の相関を計算します。

あるいは、Series.Corrを直接使ってスピアマンの順位相関を計算することもできます。

```
def SpearmanCorr(xs, ys):
    xs = pandas.Series(xs)
    ys = pandas.Series(ys)
    return xs.corr(ys, method='spearman')
```

BRFSSのデータに対するスピアマンの順位相関は0.54で、ピアソンの相関0.51よりわずかに大きくなります。この相違については、次のようなことを含めていくつかの理由が考えられます。

- 関係が非線形なら、ピアソンの相関は関係性を過小評価する傾向がある。

- ピアソン相関は、どちらかの分布に外れ値があったり、歪みがあると、影響を（どちらの方向にも）受ける。スピアマンの相関は、もっと頑健である。

BRFSSの例では、体重の分布がほぼ対数正規であることがわかっています。対数変換を施せば、ほぼ正規分布になって歪みがなくなります。そこで、歪みの影響をな

くすもう1つの方法は、対数体重と身長とでピアソン相関を取ることです。

```
thinkstats2.Corr(df.htm3, np.log(df.wtkg2)))
```

結果は 0.53 で、順位相関の 0.54 により近くなります。したがって、ピアソンの相関とスピアマンの相関との違いの多くは、体重分布の歪みによることが示唆されます。

## 7.8 相関と因果

変数 $A$ と $B$ とが相関しているとき、3 つの説明が可能です。

1. $A$ が $B$ の原因である。

2. $B$ が $A$ の原因である。

3. 他の要因が $A$ と $B$ 両方の原因である。

こういった説明は、「因果関係」と呼ばれます。

相関だけでは、これらの説明の違いを見分けることができませんから、どれが真であるかはわかりません。この法則を一言でいうと「相関関係は因果関係を含意しない」となります。これだけでは、簡潔すぎるので、詳細は Wikipedia の「相関関係と因果関係」のページを参照してください[†]。

では、どのように因果関係の証拠を示すのでしょうか。

- 時刻を使う。$A$ が $B$ より先に起これば、$A$ は $B$ の原因となりうるが、逆はない（少なくとも一般的な理解では）。事象の順番は、原因の向きを推測するのに役立つが、別の何かが $A$ と $B$ 両方の原因となる可能性を排除することにはならない。

- ランダムさを使う。大規模な標本を無作為に 2 つのグループに分けて、ほとんどの変数の平均を計算したら、どの変数についても、2 つのグループ間の差はほとんどないはずだ。両グループを比較し、もし 1 つを除いて他のすべ

---

[†] 訳注：原書は、http://en.wikipedia.org/wiki/Correlation_does_not_imply_causation。英語と日本語とでタイトルだけでなく内容も異なる。重要なのは、「相関関係は因果関係を含意しない」という語句が統計学を含めて科学技術分野での常識であることだ。

てがほぼ同一であるならば、見かけ上の相関を排除できる。

これは関係する変数がわからない場合でも使えるが、わかっているほうが便利である。なぜなら2つのグループが同一であるかどうかチェックできるからだ。

こうした考え方は**ランダム化比較試験**（randomized controlled trial、無作為対照実験とも）の基になっています。ここでは対象は無作為に2つ（またはそれ以上）のグループに分けられます。**実験群**（treatment group）はある種の介入（例えば新しい薬など）を受けます。一方、**対照群**（control group）は何の介入も受けないか、効果があらかじめわかっている処理を受けるものです。

ランダム化比較試験は、因果関係の実証を行うための最も信頼できる方法で、科学的な医療の基礎となっています（Wikipedia 日本語版の「ランダム化比較試験」のページを参照してください）[†]。

残念ながら比較試験は実験科学、医薬などの数少ない分野でのみ可能な方法です。社会学では比較実験はまれです。たいていは不可能あるいは非倫理的という理由から行うことができません。

代わりに**自然実験**（natural experiment）[‡]を探す方法もあります。これは、異なる「実験」で比較部分以外はよく似たグループでの適用事例を探すものです。自然実験の問題点の1つは、2つの群が、表面的には同じに見えても異なるかもしれないことです。このトピックについて詳しくは http://wikipedia.org/wiki/Natural_experiment を参照してください。

場合によっては、11章の**回帰分析**（regression analysis）を使って因果関係を示すことができます。

## 7.9　演習問題 [§]

### 演習問題 7-1

NFSG のデータを用いて、出生時体重と母親の年齢との散布図を作りなさい。出

---

[†] 訳注：原書は、http://en.wikipedia.org/wiki/Randomized_controlled_trial。内容は英語のほうが詳しい。日本語版には図もない。

[‡] 訳注：observational（観察的）という言葉も使われるようだ。http://en.wikipedia.org/wiki/Observational_techniques 参照。

[§] この問題の解答は chap07soln.py にある。

生時体重対母親の年齢のパーセンタイルをプロットしなさい。この変数間の関係は、どう特徴付けるだろうか。

## 7.10 用語集

**散布図（scatter plot）**
データの各行を1つの点で示す、2変数の関係の可視化。

**ジッター（jitter）**
可視化のためにデータに付加されたランダムなノイズ。

**飽和（saturation）**
お互いの点の上に複数の点がプロットされたときの情報損失。

**相関（correlation）**
変数間の関係の強度を測る統計量。

**標準化する（standardize）**
値集合を平均が0、分散が1に変換する。

**標準得点（standard score）**
平均からの標準偏差で表されるように標準化された値。

**共分散（covariance）**
2変数がともに変化するという傾向を表す尺度。

**順位（rank）**
整列されたリスト内で要素が出現する場所のインデックス。

**ランダム化比較試験（randomized controlled trial）**
グループを無作為に分け、異なるグループには異なる処理を行うようにする実験。

**実験群（treatment group）**
ある種の介入を受ける対照試験の中のグループ。

**対照群（control group）**
処理を受けない、あるいは効果のわかっている処理を受けるような対照試験の中

のグループ。

**自然実験（natural experiment）**
　少なくとも近似的にランダムな形で対象が複数のグループに自然に分割されているような実験。

# 8章
# 推定[†]

## 8.1 推定ゲーム

これからゲームをしましょう。私が頭に思い描く分布について、それがどのようなものかを当ててください。ヒントを2つあげましょう。それは正規分布です。そして、そこから無作為に抽出した標本を次に示します。

[-0.441, 1.774, -0.101, -1.138, 2.975, -2.138]

この分布の平均母数（パラメータ）$\mu$ はいくつだと思いますか？

$\mu$ を求める1つの方法は、標本平均 $\bar{x}$ を使って $\mu$ を推定するというものです。この例では $\bar{x}$ は 0.155 ですから、$\mu = 0.155$ と推測するのが妥当でしょう。この過程が**推定**（estimation）と呼ばれ、ここで使う統計量（標本平均）が**推定量**（estimator、推定関数）[‡]と呼ばれます。

$\mu$ の推定に標本平均を使うのは自明なので、この他にも適切な方法があるとはなかなか思えません。しかし、外れ値を導入してゲームを変えてみましょう。

ある分布を考えています。それは正規分布です。ここに信頼のおけない検査員が集めた標本があります。この人は小数点を間違った位置に付けてしまうことがあります。

[-0.441, 1.774, -0.101, -1.138, 2.975, -213.8]

$\mu$ の推定値（estimate）はいくつでしょうか。標本平均を使うと、$\mu$ の値は

---

[†] 本章のコードは、scatter.pyにある。コードのダウンロードや扱い方については、viiiページの「コードを使う」を参照してほしい。

[‡] 訳注：推定量は、推定した数値そのものではなく、推定する手続き、関数を指す。同時に、その関数による値集合全体を指すことがあるので紛らわしい。

−35.12と予想するでしょう。これは最適の選択でしょうか。他に答えはありませんか？

1つには、外れ値を特定し除外してから、残りの標本平均を求めるという方法があります。その他には推定量として中央値を使う方法があります。

どの推定量が最良かは状況に依存します（例えば、外れ値の有無など）。また、その目的にも依存します。誤差を最小限に抑えたいのでしょうか、あるいは正しい答えを得る可能性を最大限に高めたいのでしょうか。

もし外れ値がなければ、標本平均を推定量に選べば、**平均二乗誤差**（MSE：mean squared error）が最小となります。つまり、ゲームを何回も繰り返して毎回誤差、$\bar{x} - \mu$ を計算すると、次に示す標本平均の MSE が最小となるということです。

$$\mathrm{MSE} = \frac{1}{m} \sum (\bar{x} - \mu)^2$$

ここで $m$ は推定ゲームを行った回数ですが、$\bar{x}$ を求めるために使う標本の大きさ $n$ と混同しないようにしてください。

推定ゲームをシミュレーションして、平均二乗誤差の平方根（RMSE）を計算する関数は次のようになります。

```
def Estimate1(n=7, m=1000):
    mu = 0
    sigma = 1

    means = []
    medians = []
    for _ in range(m):
        xs = [random.gauss(mu, sigma) for i in rang e(n)]
        xbar = np.mean(xs)
        median = np.median(xs)
        means.append(xbar)
        medians.append(median)

    print('rmse xbar', RMSE(means, mu))
    print('rmse median', RMSE(medians, mu))
```

この場合も n は標本のサイズ、m はゲームの実行回数です。means は、$\bar{x}$ に基づいた推定値のリスト、medians は中央値のリストになります。

RMSE を計算する関数の定義は次のようになります。

```
def RMSE(estimates, actual):
    e2 = [(estimate-actual)**2 for estimate in estimates]
    mse = np.mean(e2)
    return math.sqrt(mse)
```

estimates は推定値のリスト、actual は推定対象の値です。実際には、もちろんのこと、actual はわかっていません。わかっているなら、推定する必要などありません。この実験の目的は、2つの推定量の性能を比較することです。

このプログラムを実行すると標本平均の RMSE は 0.41 でしたが、これは、$\bar{x}$ を使ってこの分布の平均を、$n = 7$ の標本に基づいて推定すると、真の平均から 0.41 外れるものと予期すべきだということです。中央値を使って平均を推定すると、RMSE は 0.53 だったので、$\bar{x}$ の方が少なくともこの例では RMSE が小さいことがわかります[†]。

MSE を最小化することは好ましいことですが、常に最良の戦略であるとは限りません。例えば、建築現場の風速の分布を推定するとします。予測が強すぎると、構造を強くしすぎてしまい、コストがかさみますが、予測が弱すぎれば、建物が崩壊してしまうかもしれません。誤差の正負に対してコストが非対称なので、MSE を最小にすることが最良の戦略とはなりません。

もうひとつ別のゲームをしましょう。3つの六面サイコロを振り、出た目の合計を予想してもらいましょう。当たれば景品をもらえますが、外れたら何もありません。この場合、MSE が最小となる数値は 10.5 です。しかし、これは外れです。3つのサイコロの目を合計して 10.5 になることは、決してありませんから。このゲームでは、当たる可能性が一番高い推定量、すなわち**最尤推定量**（MLE：maximum likelihood estimator）[‡] がほしいのです。10 か 11 を予想すれば、あなたが勝つ確率は 8 分の 1 です。これが選択しうる最良の数です。

## 8.2　分散を予測する

ある分布を考えています。今回も正規分布で、取り出された標本は、次のように見覚えのあるのものでした。

---

[†] 訳注：estimation.py を実行すると、0.38, 0.47 となる。本当は、main の中の thinkstats2.RandomSeed(17) というコードを取り去るべきで、そうすると、実行ごとに値が変わってくる。これは、Estimate1 の中で乱数を使っていることから予想される。

[‡] 訳注：同じく MLE と略される最尤法（maximum likelihood estimation）のことだと思っていい。

[-0.441, 1.774, -0.101, -1.138, 2.975, -2.138]

この分布の分散 $\sigma^2$ はどれほどだと思いますか。自明な選択は、推定量として標本分散 $S^2$ を使うことです。

$$S^2 = \frac{1}{n} \sum (x_i - \bar{x})^2$$

大きな標本の場合、$S^2$ が推定量として適切です。しかし標本が小さい場合は、$S^2$ だと推定値が小さすぎる傾向があり、この好ましくない特性から偏りのある（biased）推定量と呼ばれます。推定ゲームを何回も繰り返した後で誤差の期待合計（あるいは平均）が 0 ならば、推定量は**不偏**（unbiased）です。

幸いなことに、別の単純な統計量で、$\sigma^2$ の不偏推定量になるものがあります。

$$S_{n-1}^2 = \frac{1}{n-1} \sum (x_i - \bar{x})^2$$

なぜ $S^2$ には偏りがあり、$S_{n-1}^2$ には偏りがないのかの証明は、http://en.wikipedia.org/wiki/Bias_of_an_estimator を参照してください[†]。

この推定量の最大の問題は、使われている名前と記号とが統一的でないことです。名前「標本分散」は、$S^2$ と $S_{n-1}^2$ のどちらにも使われ、記号 $S^2$ すら両方に使われることがあります。

推定ゲームをシミュレーションして $S^2$ と $S_{n-1}^2$ の性能を試験する関数は次のようになります。

```
def Estimate2(n=7, m=1000):
    mu = 0
    sigma = 1
    estimates1 = []
    estimates2 = []
    for _ in range(m):
        xs = [random.gauss(mu, sigma) for i in range(n)]
        biased = np.var(xs)
        unbiased = np.var(xs, ddof=1)
        estimates1.append(biased)
        estimates2.append(unbiased)
```

---

[†] 訳注：Wikipedia 日本語版なら「偏り」のページの「推定量の偏り」の項目になるが、これは、英語版の内容を反映していない。

```
print('mean error biased', MeanError(estimates1, sigma**2))
print('mean error unbiased', MeanError(estimates2, sigma**2))
```

ここでも n は標本のサイズ、m はゲームの実行回数です。np.var はデフォルトでは $S^2$ を、もし「デルタ自由度 (delta degrees of freedom)」を意味する引数が ddof=1 であるとき、$S_{n-1}^2$ を計算します。この用語についてここでは説明しないので、http://en.wikipedia.org/wiki/Degrees_of_freedom_(statistics) を読んでください[†]。

MeanError は、推定値と実際の値との差の平均を計算します。

```
def MeanError(estimates, actual):
    errors = [estimate-actual for estimate in estimates]
    return np.mean(errors)
```

このコードを実行すると、$S^2$ の平均誤差は − 0.13 でした。予期したとおり、この偏った推定量では低すぎます。$S_{n-1}^2$ では、平均誤差は 0.014 で、約 10 倍小さくなります。m が増えると、$S_{n-1}^2$ の平均誤差は 0 に近づきます。

MSE やバイアスのような特性は、推定ゲームを何回も反復した結果に基づき長期的に期待されるものです。本章で述べたシミュレーション実行では、推定量を比較して、望ましい特性が備わっているかどうかをチェックできます。

しかし、実際のデータに推定量を適用した場合には、1 つの推定値しか得られません。推定に偏りがないと述べることは無意味です。不偏性は推定値の特性ではなく、推定量 (推定関数) の特性だからです。

適切な特性を備えた推定量を選択した後に、そして、それを使って推定した後、次のステップで、推定値の不確実性を特徴付けることになります。それが次節の主題です。

## 8.3 標本分布

自然公園にいる野生のゴリラを研究している科学者になったと仮定しましょう。大人のメスのゴリラの平均体重を知りたいとします。体重を量るには、麻酔を打つ必要がありますが、危険かつ高価でゴリラの健康に多分よくはありません。しかし、この情報を得ることが重要であり、9 頭のゴリラの標本を量るので大丈夫とします。公園

---

[†] 訳注: 統計での自由度の説明は、日本語の Wikipedia にはわずかしかない。デルタ自由度については、英語の Wikipedia にも解説はなくて、SciPy.org の中で (http://docs.scipy.org/doc/scipy/reference/generated/scipy.stats.sem.html) プログラムの注釈で、How many degrees of freedom to adjust for bias in limited samples relative to the population estimate of variance. Defaults to 1. とある。

内の母集団についてはよくわかっていると仮定しましょう。したがって、大人のメスの代表標本を選ぶことができます。標本平均 $\bar{x}$ を未知の母集団平均 $\mu$ の推定に使うことができます。

9 頭のメスゴリラの体重を量って、$\bar{x}$ = 90 kg、標本標準偏差 $S$ = 7.5 kg を得ました。標本平均は $\mu$ の不偏推定量であり、長期的には MSE を最小化します。したがって、結果をまとめる単一の推定を報告するなら、90 kg と報告するでしょう。

しかし、この推定についてどれだけ確信を持てるのでしょうか。多数の母集団からたった $n$ = 9 頭のゴリラしか量っていないのなら、偶然、最も重い（あるいは最も軽い）ゴリラを運悪く選ぶかもしれません。無作為抽出による推定の分散は、**標本誤差**（sampling error）と呼ばれます。

標本誤差を定量化するために、仮説値である $\mu$ と $\sigma$ で標本化過程をシミュレーションして $\bar{x}$ がどれだけ変動するかを確かめることができます。

母集団の $\mu$ と $\sigma$ の実際の値を知らないので、$\bar{x}$ と $S$ の推定を使います。したがって、答えるべき質問は、「$\mu$ と $\sigma$ の実際の値が 90 kg と 7.5 kg なら、同じ実験を何回もやれば、推定平均 $\bar{x}$ はどの程度変動するか」です。

この質問に答える関数は次のとおりです。

```
def SimulateSample(mu=90, sigma=7.5, n=9, m=1000):
    means = []
    for j in range(m):
        xs = np.random.normal(mu, sigma, n)
        xbar = np.mean(xs)
        means.append(xbar)

    cdf = thinkstats2.MakeCdfFromList(means)
    ci = cdf.Percentile(5), cdf.Percentile(95)
    stderr = RMSE(means, mu)
```

mu と sigma は、パラメータの仮説値です。$n$ は、量ったゴリラの頭数、標本サイズです。$m$ はシミュレーションの実行回数です。

1 回ごとに、与えられたパラメータを持つ正規分布から $n$ 個の値を選び、標本平均 xbar を計算します。1,000 回のシミュレーションを実行し、推定値の分布 cdf を計算します。結果を**図 8-1** に示します。この分布は、推定量の**標本分布**（sampling distribution）と呼ばれ、推定値が実験を繰り返すごとにどれだけ変動するかを示します。

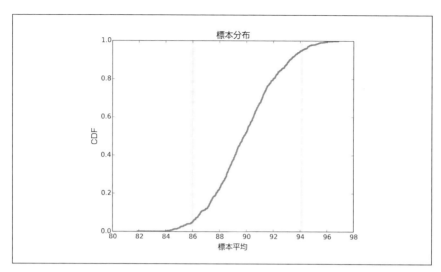

図 8-1 $\bar{x}$ の標本分布と信頼区間

　標本分布の平均は $\mu$ の仮説値にきわめて近く、それは、平均すると実験が正しい答えを導くことを意味します。1,000 回の試行後、最小の結果は 82 kg で、最大の結果は 98 kg です。この範囲は、推定値が 8 kg ほど外れる可能性を示唆しています。

　標本分布をまとめて示すには 2 つの方法があります。

**標準誤差（Standard error、SE）**
　推定値が平均してどの程度外れるかの尺度です。シミュレーション実験の度に、誤差 $\bar{x} - \mu$ を計算してから、**平均二乗誤差の平方根**（root mean squared error、RMSE）を計算します。この例では、ほぼ 2.5 kg になります。

**信頼区間（confidence interval 、CI）**
　標本分布の与えられた部分を含む範囲です。例えば、90％信頼区間は、5 位から 95 位パーセンタイルの範囲です。この例では、90％CI は、(86, 94) kg です。

　標準誤差と信頼区間は、多くの誤解の源でもあります。

- 標準誤差と標準偏差を取り違える人がいる。標準偏差は、測った量の変動を記述するのだということを覚えてほしい。この例では、ゴリラの体重の標準偏差は7.5 kgである。標準誤差は、推定における変動を記述する。この例では、9頭の標本の測定に基づく平均の標準誤差は2.5 kgである。
  違いを覚える方法の1つは、標本サイズが増えたときに、標準誤差は小さくなり、標準偏差はそうならないことを理解することだ。

- 実パラメータ $\mu$ が90%信頼区間にあるということが、90%の確率でそうなると思っている人がいる。残念ながらそれは間違いだ。そのようなことを述べたいなら、ベイズ手法を使う必要がある（拙著、『Think Bayes——プログラマのためのベイズ統計入門』を読んでほしい）。

- 標本分布は別の質問にも答える。すなわち、さらに実験を繰り返せば推定値がどれほど変動するかを示すことで、推定値がどれだけ信頼できるかという印象を与える。

信頼区間と標準誤差とが標本誤差を定量化しているだけだということを覚えておくのが重要です。すなわち、母集団の一部しか測定しないことに起因する誤差なのです。標本分布には、他の誤差の原因は直接関係しません。そのような原因で有名なのは標本バイアスや測定誤差で、次節の主題です。

## 8.4 標本バイアス

自然公園でのゴリラの体重ではなくて、住んでいる町の女性の平均体重を知りたいと仮定しましょう。女性の代表的標本を選んで体重を量る許可をもらうのは難しいでしょう。

簡単な代案は、「電話標本調査」、すなわち、電話帳から無作為に番号を選び出し、電話して、成人の女性に体重を尋ねるという方法です。

電話標本には限界があります。例えば、標本は電話帳に掲載されている番号に限られるので、電話のない人（平均より貧乏な人）や番号を掲載していない人（平均より金持ちな人）が除かれています。さらに、日中家庭に電話するのなら、仕事をしている人は標本にできそうにありません。さらに、電話で回答した人だけを標本にすれば、その電話を使う他の人を標本から外すことになります。

収入、職業、家の大きさなどの要因が体重に関係するなら（いかにもありそうですが）、調査した結果はそれらの影響をさまざまに受けていることになります。この問題は、標本を取る過程に付随するので、**標本バイアス**（sampling bias）と呼ばれます。

標本を取る過程は、標本バイアスの一種である**自己選択**（self-selection）の影響も受けます。質問への回答を拒否する人もいます。その回答拒否の傾向が重みに関連しているなら、それは結果に影響します。

最後に、体重を量るのではなくて体重を尋ねると、結果は正しくないかもしれません。喜んで回答する人も、実際の体重に満足していないときには、多めにあるいは少なめに答えることがあります。さらに、すべての回答者が喜んで回答してくれるわけではありません。これらの不正確さは、**測定誤差**（measurement error）の例になります。

推定した数量を報告するときには、標準誤差、あるいは、信頼区間、あるいは両方を標本誤差の程度を示すために報告するのが役立ちます。さらに重要なことは、標本誤差は、誤差の源の1つに過ぎず、最大のものでもないことが多いということを心に留めておくことです。

## 8.5 指数分布

推定ゲームをもう一回やりましょう。ある分布を考えています。今回は指数分布です。これが標本です。

[5.384, 4.493, 19.198, 2.790, 6.122, 12.844]

この分布の母数 $\lambda$ はいくつだと思いますか？ 一般に、指数分布の平均は $1/\lambda$ なので、

$$L = 1/\bar{x}$$

を $\lambda$ の推定量として選んでみましょう。$L$ は $\lambda$ の推定量ですが、普通の推定量とは違い、**最尤推定量**（http://wikipedia.org/wiki/Exponential_distribution#Maximum_likelihood を参照してください）でもあります。そのため、$\lambda$ を正確に予想する可能性を最大限にしたかったら $L$ の選択が適切です。

しかし、外れ値がある場合、$\bar{x}$ は適切ではありませんから、$L$ も同じ問題を抱えているのではないかと予想できます。

その代わりに、標本中央値に基づいた値を使えます。指数分布の中央値は $\ln(2)/$

λ ですから、推定量を次のように定義できます。

$$L_m = \ln(2)/m$$

ここで $m$ は標本中央値です。

これらの推定量の性能を試験するために、標本過程を次のようにシミュレーションできます。

```
def Estimate3(n=7, m=1000):
    lam = 2

    means = []
    medians = []
    for _ in range(m):
        xs = np.random.exponential(1.0/lam, n)
        L = 1 / np.mean(xs)
        Lm = math.log(2) / thinkstats2.Median(xs)
        means.append(L)
        medians.append(Lm)

    print('rmse L', RMSE(means, lam))
    print('rmse Lm', RMSE(medians, lam))
    print('mean error L', MeanError(means, lam))
    print('mean error Lm', MeanError(medians, lam))
```

この実験を $\lambda = 2$ で行うと、$L$ の RMSE は 1.1 でした。中央値に基づいた推定量 $L_m$ では、RMSE が 1.8 でした。この実験だけで、$L$ が MSE を最小化するかどうかはわかりませんが、少なくとも $L_m$ よりは良さそうです。

残念ながら、両方の推定量とも偏っているようです。$L$ について平均誤差は 0.33、$L_m$ については 0.45 です[†]。どちらも、$m$ が増えても 0 に収束しません。

$\bar{x}$ が分布の平均 $1/\lambda$ の不偏推定量だとわかっているのですが、$L$ は、$\lambda$ の不偏推定量ではないのです。

---

† 訳注：estimation.py を実行させると、L RMSE 1.16, Lm RMSE 1.84, L 平均誤差 0.38, Lm 平均誤差 0.49 となる。main から、thinkstats2.RandomSeed(17) という命令を取り除けば、Estimate3 で乱数を使っている影響が現れ、毎回異なる値が生じる。

## 8.6 演習問題†

### 演習問題 8-1

本章では、$\mu$を推定するのに$\bar{x}$と中央値を用い、$\bar{x}$のほうがMSEが小さいことを知った。また、$\sigma$を推定するのに$S^2$と$S^2_{n-1}$を用い、$S^2$が偏っていて$S^2_{n-1}$が不偏だと知った。

同様の実験を行って、$\bar{x}$と中央値とが$\mu$の偏った推定値となるかどうかを調べなさい。さらに、$S^2$と$S^2_{n-1}$のどちらのほうがMSEが小さいか調べなさい。

### 演習問題 8-2

$\lambda = 2$の指数分布からサイズ$n = 10$の標本を取ったとする。この実験1,000回をシミュレーションして、推定$L$の標本分布をプロットしなさい。推定値の標準誤差と90%信頼区間を計算しなさい。

$n$を変えて何回か実験を繰り返し、標準誤差と$n$との関係をプロットしなさい。

### 演習問題 8-3

ホッケーやサッカーのような試合では、ゴールとゴールとの間の時間がほぼ指数的になる。そこで、1ゲームの間にあげたゴール数を観察することで、チームのゴール達成率を推定できる。この推定過程は、ゴール間の時間の標本を取るのとは少し違う。

試合ごとのゴール数について、ゴール達成率`lam`を取って、ゴール間の時間を生成することで、全体の時間が1ゲームの時間数に達するまで試合をシミュレーションして、ゴール達成数を返す関数を書きなさい。

さらに、多くのゲームをシミュレーションして、`lam`の推定値を保持し、平均誤差とRMSEを計算する別の関数を書きなさい。

この推定方法は偏っているだろうか。推定値の標本分布と90%信頼区間とをプロットしなさい。標準誤差はどうだろうか。`lam`の値を増やすと標本誤差に何が起こるだろうか。

## 8.7 用語集

**推定（estimation）**
標本から分布の母数を推測する過程。

---

† 演習問題のために、まず`estimation.py`をコピーするのがよいだろう。解答は`chap08soln.py`にある。

**推定量（estimator、推定関数）**
　母数推定に用いる統計量。

**平均二乗誤差（mean squared error、MSE）**
　推定誤差の尺度。

**平均二乗誤差の平方根（root mean squared error、RMSE）**
　MSE の平方根で、誤差の程度を表すには適している。

**最尤推定量（maximum likelihood estimator、MLE）**
　最も尤度の高い点推定値を計算する推定量。

**推定量の偏り（bias of an estimator）**
　実験を繰り返して平均をとったとき、推定量による推定値が実際の母数の値より大きくなる、あるいは小さくなる傾向。

**標本誤差（sampling error）**
　標本のサイズが限られ、偶然による変動からくる推定誤差。

**標本バイアス（sampling bias）**
　母集団を正しく代表しない標本化過程による誤差。

**測定誤差（measurement error）**
　データを収集あるいは記録するときの不正確さによる誤差。

**標本分布（sampling distribution）**
　実験を多数回行った場合の統計量の分布。

**標準誤差（standard error）**
　推定の RMSE で、標本誤差による変動性を定量化するもの（ただし、他の誤差源については含まない）。

**信頼区間（confidence interval）**
　実験を多数回行った場合に、推定量の期待範囲を表す区間。

量を定量化すること。NSFGの例では、観察される効果は第一子と第二子以降との妊娠期間の差だったので、検定統計量としては当然ながら、両グループでの平均の差が選ばれる。

- 第二ステップは**帰無仮説**（null hypothesis）を定義すること。帰無仮説は、観察される効果が本当ではないという仮定のもとでシステムをモデル化したものになる。NSFGの例では、帰無仮説は、第一子と第二子以降とで差がない、すなわち、両方のグループの妊娠期間は同じ分布を持つということだ。

- 第三ステップは$p$値（p-value）の計算。これは、帰無仮説が正しいとした場合に、問題の効果を目にする確率である。NSFGの例では、平均の差を実際に計算して、帰無仮説の（モデルの）もとで、それだけの、または、より大きな差が現れる確率を計算する。

- 最後のステップは結果の解釈。$p$値が小さければ、効果は**統計的に有意**（statistically significant）と言われる。これは、この効果が偶然によって生じることはありえないという意味である。その場合、この効果は、より大きな母集団でも見られるだろうと推論する。

この過程での論理は、背理法による数学の証明と似通っています。数学の言明$A$を証明するために、とりあえず$A$が偽であると仮定します。もし、この仮定から矛盾が生じたなら、$A$が実際には真であると結論します。

同様にして、「この効果は本当である」という仮説を検定するために、とりあえず、そうでないと仮定するわけです。この仮定に基づいて、観察される効果の確率を計算します。これが$p$値です。$p$値が小さければ、帰無仮説が真であることはありえないと結論します。

## 9.2 HypothesisTest

thinkstats2では、古典的仮説検定の構造を表す HypothesisTest というクラスを提供しています。定義は次のとおりです。

# 9: 仮説検定

## 9.1 古典的仮説検定

NSFG のデータを調べると、第一子とその他の子の差を含めて「観察される効果（apparent effect）」がいくつもあります。これまでは、これらの効果を額面通り受け取っていました。本章では、それを検定します。

標本に見られた効果が、より大きな母集団でも見られるかどうかという基本的な質問を取り上げます。例えば、NSFG 標本では、第一子と第二子以降とで平均妊娠期間の差が見られます。この差が米国での女性全体に見られる実際の差の反映なのか、それとも、この標本にたまたま見られるものなのか、どちらなのかを知りたいのです。

この質問を定式化するには、フィッシャーの帰無仮説検定、ネイマン・ピアソンの決定理論‡、ベイズ推定§ を含めていくつかの方式があります。ここで示すのは、ほとんどの人が実際に使っている、これら 3 種類のすべてに含まれるもので、**古典的仮説検定**（classical hypothesis testing）と呼ばれるものです。

古典的仮説検定の目的は、「標本とそこで観察される効果があったときに、その効果が偶然によるものだという確率はどの程度か」という質問に答えることです。次のようにして、この質問に答えます。

- 最初のステップは、**検定統計量**（test statistic）を選んで、観察される効果

---

† 本章のコードは、scatter.py にある。コードのダウンロードや扱い方については、viii ページの「コードを使う」を参照してほしい。
‡ 訳注：Wikipedia には、決定理論の項目がなく、「ネイマン・ピアソンの補題」がある。
§ 原注：ベイズ推定については、本シリーズの『Think Bayes －プログラマのためのベイズ統計入門－』、オライリー・ジャパン、2014 を読むと良い。

```
class HypothesisTest(object):

    def __init__(self, data):
        self.data = data
        self.MakeModel()
        self.actual = self.TestStatistic(data)

    def PValue( self, iters=1000):
        self.test_stats = [self.TestStatistic(self.RunModel())
                           for _ in range(iters)]

        count = sum(1 for x in self.test_stats if x >= self.actual)
        return count / iters

    def TestStatistic(self, data):
        raise UnimplementedMethodException()

    def MakeModel(self):
        pass

    def RunModel(self):
        raise UnimplementedMethodException()
```

　HypothesisTestは、抽象親クラスで、あるメソッドの完全な定義や他のメソッドに対する場所を提供します。HypothesisTestの子クラスは、\_\_init\_\_とPValueを継承し、TestStatisticとRunModelを提供します。MakeModelを提供することもできます。

　\_\_init\_\_は、適当な形式のデータを取ります。MakeModelを呼び出して帰無仮説の表現を構築し、データをTestStatisticに渡します。TestStatisticは、標本での効果量を計算します。

　PValueは、帰無仮説のもとで見られた効果の確率を計算します。パラメータとしてitersを取りますが、これは、実行するシミュレーションの回数です。1行目で、シミュレーションしたデータを生成し、検定統計量を計算し、それをtest_statsに格納します。結果は、観察された検定統計量self.actual以上の値を持つtest_stats要素の割合です。

　単純な例[†]として、250回硬貨投げをして140回表、110回裏が出たとしましょう。

---

† 原注：David MacKayの本、*Information Theory, Inference, and Learning Algorithms*, 2003から採用した（訳注：2005年の4刷がウェブで入手できる）。

この結果から、硬貨が真正でないと疑ったとします。すなわち、表が出やすい硬貨だと考えます。この仮説を検定するために、硬貨が実際には真正だとして、このような違いの出る確率を計算します。

```
class CoinTest(thinkstats2.HypothesisTest):

    def TestStatistic(self, data):
        heads, tails = data
        test_stat = abs(heads - tails)
        return test_stat

    def RunModel(self):
        heads, tails = self.data
        n = heads + tails
        sample = [random.choice('HT') for _ in range(n)]
        hist = thinkstats2.Hist(sample)
        data = hist['H'], hist['T']
        return data
```

パラメータの data は、表と裏の回数からなる整数の対です。検定統計量は、それらの絶対差なので、self.actual は 30 です。

RunModel は、硬貨投げを、実際には真正なものだと仮定して、シミュレーションします。250 回の硬貨投げを生成し、Hist を使って表と裏の回数を数え、整数の対を返します。

最後に、CoinTest をインスタンス化して、PValue を呼べばよいのです。

```
ct = CoinTest((140, 110))
pvalue = ct.PValue()
```

結果は、0.07 で、もし硬貨が真正だとするなら、30 という大きな差が見られる確率は、全体の 7% だということです。

この結果をどのように解釈すればよいでしょうか。通常は、統計的に有意かどうかのわかれ目は 5% です。$p$ 値が 5% より小さければ、効果は有意だと考えます。そうでないと、有意ではありません。

しかし、5% という選択には任意性があります。(あとで見るように) $p$ 値は検定統計量と帰無仮説のモデルの選択とに依存します。したがって、$p$ 値を絶対的な尺度と考えるべきではありません。

$p$ 値は、その大きさの程度に応じて解釈するのがよいでしょう。もしも $p$ 値が 1% より小さければ、効果が偶然によるとは思えません。10% より大きければ、その効果が偶然生じることがありそうです。1% から 10% の $p$ 値は、境界線だと考えるべきでしょう。したがって、この例の場合、このデータは、硬貨が真正かどうかについて、決定的な証拠にはならないという結論になります。

## 9.3　平均の差を検定する

検定に最もよく使われる効果の 1 つが 2 グループの平均間の差です。NSFG データでは、第一子の平均妊娠期間がわずかに長くて、平均出生時体重がわずかに軽いことを見ました。これらの効果が統計的に有意かどうかを見てみましょう。

この例では、帰無仮説は、2 グループの分布が同じというものです。帰無仮説をモデル化する 1 つの方式は、**並べ替え**（permutation）を使うものです。すなわち、第一子やその他の子の値を取って、それらを混ぜ合わせ、2 グループを 1 つの大きなグループであるかのように扱います。

```
class DiffMeansPermute(thinkstats2.HypothesisTest):

    def TestStatistic(self, data):
        group1, group2 = data
        test_stat = abs(group1.mean() - group2.mean())
        return test_stat

    def MakeModel(self):
        group1, group2 = self.data
        self.n, self.m = len(group1), len(group2)
        self.pool = np.hstack((group1, group2))

    def RunModel(self):
        np.random.shuffle(self.pool)
        data = self.pool[:self.n], self.pool[self.n:]
        return data
```

data は、それぞれのグループからなるシーケンスの対です。検定統計量は、平均の差の絶対値です。

MakeModel は、グループのサイズ n と m を記録して、2 つのグループを結合して、1 つの NumPy 配列 self.pool にします。

RunModelは、1つに集められた値を混ぜ合わせて、サイズがnとmの2つのグループに分けて帰無仮説をシミュレーションします。いつものように、RunModelの返り値は観察データと同じ形式になります。

妊娠期間の差を検定するために、次を実行します。

```
live, firsts, others = first.MakeFrames()
data = firsts.prglngth.values, others.prglngth.values
ht = DiffMeansPermute(data)
pvalue = ht.PValue()
```

MakeFrameは、NSFGデータを読み込んで、すべての出産、第一子、その他を表すDataFrameを返します。妊娠期間をNumPy配列として抽出し、それをDiffMeansPermuteにデータとして渡し、$p$値を計算します。結果は、約0.17で、これは、観察された効果と同じだけ大きな差が全体のほぼ17%で見られると期待できるということです。したがって、この効果は統計的に有意ではありません。

HypothesisTestは、検定統計量の分布をプロットし、灰色の線で観察された効果量を示すPlotCdfを提供します。

```
ht.PlotCdf()
    thinkplot.Show(xlabel='test statistic',
                   ylabel='CDF')
```

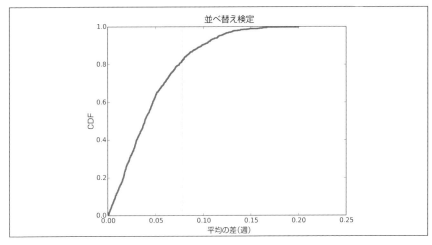

図9-1　帰無仮説のもとで平均妊娠期間の差のCDF

図 9-1 に結果を示します。CDF は、0.83 で観察された差と交わります。これは、p 値 0.17 の補数の値です。

同じ分析を出生時体重について行うと、計算した p 値は 0 です。1,000 回試みた後で、シミュレーションは、観察された差の 0.12 ポンドほど大きな効果を生成することはありませんでした。したがって、p < 0.001 という報告で、出生時体重の差は統計的に有意だと結論します。

## 9.4 他の検定統計量

最適な検定統計量の選択は、どのような質問に答えるかに依存します。例えば、質問が第一子について妊娠期間に差があるかというものなら、前節で行ったように平均の差の絶対値を検定することに意味があります。

何らかの理由で、第一子の出産が遅れると考えるなら、差の絶対値を取るのではなくて、次のような検定統計量を使います。

```
class DiffMeansOneSided(DiffMeansPermute):

    def TestStatistic(self, data):
        group1, group2 = data
        test_stat = group1.mean() - group2.mean()
        return test_stat
```

DiffMeansOneSided は、DiffMeansPermute から MakeModel と RunModel を継承します。唯一の違いは、TestStatistic が差の絶対値を取らないことです。この種の検定は、差の分布の片側しか考えないので、**片側検定**（one-sided）と呼ばれます。前の検定では、両側を使ったので、**両側検定**（two-sided）と呼ばれます。

この検定の版では、p 値は 0.09 です。一般に、片側検定の p 値は、分布の形態に依存しますが、両側検定の p 値のほぼ半分になります。

片側検定の仮説は、第一子が遅く生まれるというもので、両側検定の仮説よりも詳細になるので、p 値も小さくなります。しかし、より強い仮説に対しても、差は統計的に有意ではありません。

同じフレームワークを用いて、標準偏差の差の検定ができます。「3.3 その他の可視化」では、第一子が予定日よりも早いか遅いかして、予定日どおりになることは少ないという証拠を確認しました。したがって、標準偏差がより大きいという仮説を立

てられます。これを次のようにして検定できます。

```
class DiffStdPermute(DiffMeansPermute):

    def TestStatistic(self, data):
        group1, group2 = data
        test_stat = group1.std() - group2.std()
        return test_stat
```

これは、仮説が第一子の標準偏差が、ただ違うだけではなく、より大きいというものなので、片側検定です。p 値は 0.09 で、統計的に有意ではありません。

## 9.5 相関を検定する

このフレームワークで、相関を検定することもできます。例えば、NSFG のデータセットでは、出生時体重と母親の年齢との相関が約 0.07 です。母親の年齢が高いと赤ちゃんがより重くなるようです。しかし、この効果は偶然的ではないでしょうか。

検定統計量として、ピアソンの相関を使いますが、スピアマンの相関でも同様に働くでしょう。正の相関を期待できるなら、片側検定を行います。しかし、そのような理由がなければ、相関の絶対値を使った両側検定を行います。

帰無仮説は、母親の年齢と出生時体重との間に相関がないというものです。観察された値を混ぜ合わせることによって、年齢と出生時体重との分布が同じだという世界をシミュレーションできますが、変数には関係がありません。

```
class CorrelationPermute(thinkstats2.HypothesisTest):

    def TestStatistic(self, data):
        xs, ys = data
        test_stat = abs(thinkstats2.Corr(xs, ys))
        return test_stat

    def RunModel(self):
        xs, ys = self.data
        xs = np.random.permutation(xs)
        return xs, ys
```

data は、シーケンスの対です。TestStatisti は、ピアソンの相関の絶対値を計算します。RunModel は、xs を混ぜ合わせてシミュレーションしたデータを返します。

データを読み込んで、検定を実行するコードは次のようになります。

```
live, firsts, others = first.MakeFrames()
live = live.dropna(subset=['agepreg', 'totalwgt_lb'])
data = live.agepreg.values, live.totalwgt_lb.values
ht = CorrelationPermute(data)
pvalue = ht.PValue()
```

dropna に引数 subset を用いて、必要な変数を欠いた行を除外しています。

実際の相関は 0.07 です。計算した $p$ 値は 0 です。1,000 回実行後、シミュレーションした相関の最大値は 0.04 です。したがって、観察した相関は小さくても、統計的に有意です。

この例は、「統計的に有意」が、効果が重要であるとか、実際に重大であるということを常に意味するわけではないことを思い出させます。それは、偶然に生じることがありえないということを意味するだけなのです。

## 9.6　割合を検定する

カジノを経営していて、客の一人がイカサマサイコロを使っているのではないかと疑ったと仮定しましょう。すなわち、ある面が他の面より出やすくなるよう細工したサイコロです。うわさの人物を捕らえてサイコロを差し押さえましたが、サイコロがイカサマであることを証明しなければなりません。サイコロを 60 回振って、次のような結果が得られました。

| 値 | 1 | 2 | 3 | 4 | 5 | 6 |
|---|---|---|---|---|---|---|
| 度数 | 8 | 9 | 19 | 5 | 8 | 11 |

平均すれば、各値が 10 回出ると期待できます。このデータでは、3 の目が期待されるよりも多く、4 の目は少なくなっています。しかし、この相違は統計的に有意でしょうか。

この仮説を検定するために、各値の期待度数、期待値と実際の値との差、そして全体の差の絶対値を計算できます。この例では、60 回のうち、各目が 10 回出ると期待され、期待値からの差は、-2, -1, 9, -5, -2, 1 となるので、差の絶対値の合計は 20 です。このような差が偶然生じるのはどの程度でしょうか。

この質問に答える HypothesisTest のクラス定義は次のようになります。

```
class DiceTest(thinkstats2.HypothesisTest):

    def TestStatistic(self, data):
        observed = data
        n = sum(observed)
        expected = np.ones(6) * n / 6
        test_stat = sum(abs(observed - expected))
        return test_stat

    def RunModel(self):
        n = sum(self.data)
        values = [1, 2, 3, 4, 5, 6]
        rolls = np.random.choice(values, n, replace=True)
        hist = thinkstats2.Hist(rolls)
        freqs = hist.Freqs(values)
        return freqs
```

データは、度数のリストで表現されます。観察された値は、[8, 9, 19, 5, 8, 11]、期待度数はすべて10です。検定統計量は、差の絶対値の総和です。

帰無仮説は、サイコロが真正だということで、これをvaluesからランダムに標本を選ぶことによってシミュレーションします。RunModelはHistを使って計算し、度数のリストを返します。

このデータの$p$値は0.13で、サイコロが真正なら、このような差を観察するのは全体の13%だということです。したがって、このような結果は、統計的に有意ではありません。

## 9.7 カイ二乗検定

前節では、検定統計量として偏差の総和を使いましたが、検定という目的のためには、カイ二乗統計量を使うほうがより一般的です。

$$\chi^2 = \sum_i \frac{(O_i - E_i)^2}{E_i}$$

ここで、$O_i$は、観察された度数、$E_i$は、期待度数です。Pythonのコードは次のようになります。

```
class DiceChiTest(DiceTest):

    def TestStatistic(self, data):
        observed = data
        n = sum(observed)
        expected = np.ones(6) * n / 6
        test_stat = sum((observed - expected)**2 / expected)
        return test_stat
```

（絶対値を取らないで）度数を二乗することで、大きな偏差により重みを付加します。この例では、期待度数がすべて等しかったので何の影響もありませんでしたが、expectedで割ることで偏差を標準化します。

カイ二乗統計量を用いた$p$値は0.04で、差の総和を用いて得られた0.13よりも、大いに小さい値です。5%の閾値をまじめに取るなら、この結果は統計的に有意だと受け止めることになります。しかし、2つの検定を一緒に考えると、結果は境界線上だということになるでしょう。サイコロがイカサマだという可能性を否定できませんが、問題の人物を有罪だと宣告するまでには至らないでしょう。

この例は重要な点を示しています。$p$値は検定統計量と帰無仮説のモデルの選択に依存し、その選択が統計的に有意かどうかを決定することがあるということです。

## 9.8 第一子についてもう一度

「9.3 平均の差を検定する」で第一子とその他の子との妊娠期間を調べ、平均および標準偏差の観察された差が統計的に有意ではないと結論しました。しかし、「3.3 その他の可視化」では、妊娠期間の分布で、特に、35週から43週で、いくつかの差を観察しました。これらの差が統計的に有意かどうかを、カイ二乗統計量を用いて調べてみます。

コードは、これまでの例の要素をまとめたものになります。

```
class PregLengthTest(thinkstats2.HypothesisTest):

    def MakeModel(self):
        firsts, others = self.data
        self.n = len(firsts)
        self.pool = np.hstack((firsts, others))

        pmf = thinkstats2.Pmf(self.pool)
```

```
        self.values = range(35, 44)
        self.expected_probs = np.array(pmf.Probs(self.values))

    def RunModel(self):
        np.random.shuffle(self.pool)
        data = self.pool[:self.n], self.pool[self.n:]
        return data
```

データは、2つの妊娠期間のリストで表されます。帰無仮説は、両方の標本が同じ分布から得られたというものです。MakeModel は、hstack を用いて2つの標本を合体することによってその分布をモデル化します。そして、RunModel が合体した標本を混ぜ合わせて2つの部分に分割することにより、シミュレーションしたデータを生成します。

MakeModel は、対象の範囲である週のリスト values と、合体した分布における各週の確率 expected_probs も定義します。

検定統計量を計算するコードは次のようになります。

```
# class PregLengthTest:

    def TestStatistic(self, data):
        firsts, others = data
        stat = self.ChiSquared(firsts) + self.ChiSquared(others)
        return stat

    def ChiSquared(self, lengths):
        hist = thinkstats2.Hist(lengths)
        observed = np.array(hist.Freqs(self.values))
        expected = self.expected_probs * len(lengths)
        stat = sum((observed - expected)**2 / expected)
        return stat
```

TestStatistic は、第一子とその他の子のカイ二乗統計量を計算して、それらを足し合わせます。

ChiSquared は、妊娠期間のシーケンスを取り、ヒストグラムを計算し、self.values に対応する度数のリストである observed を計算します。期待度数のリストを計算するために、前もって計算しておいた確率 expected_probs に標本サイズを掛けます。そして、カイ二乗統計量 stat を返します。

NSFG データでは、全体のカイ二乗統計量は 102 で、それ自体では大きな意味を

持ちませんが、1,000回の反復後、帰無仮説のもとで生成された最大検定統計量は、32になります。観察されたカイ二乗統計量は、帰無仮説のもとではありえそうにないと結論できるので†、観察される効果は統計的に有意です。

この例は、カイ二乗検定の限界を示します。それは、2グループに相違があることを示しますが、その相違が何であるかということについては何も語りません。

## 9.9　誤り

古典的仮説検定においては、効果は、$p$値がある閾値、普通は5%より下なら統計的に有意だと考えます。この手続きには2つの問題が生じます。

- 効果が実際には偶然によるものだとすると、誤ってそれが有意だと考える確率はどれぐらいだろうか。この確率は、**偽陽性率**（false positive rate、無病誤診率とも言う）である。

- 効果が実在するなら、仮説検定が誤る機会はどの程度だろうか。この確率は**偽陰性率**（false negative rate、有病誤診率とも言う）である。

偽陽性率は、比較的簡単に計算できます。閾値が5%なら、偽陽性率は5%です。その理由は次のとおりです。

- 実際の効果がないとしたら、帰無仮説は真であり、帰無仮説をシミュレーションすることで、検定統計量の分布が計算できる。この分布を$CDF_T$と呼ぶ。

- 実験を行うごとに、$CDF_T$から抽出した検定統計量$t$が得られる。そして$p$値を計算するが、これは、$CDF_T$から得たランダムな値が$t$を超える確率なので、$1 - CDF_T(t)$となります。

- もし$CDF_T(t)$が95%より大きければ、すなわち、$t$が95位パーセンタイルを超えるならば、$p$値は5%より小さい。$CDF_T$から選んだ値がどれだけ95位パーセンタイルを超えるかと言えば、それは、全体の5%である。

---

† 訳注：hypothesis.pyをそのまま実行すれば分かるようにp=0.0。なお、最大検定統計量が28になると思うが、これは、mainの中にthinkstats2.RandomSeed(17)というコードがあるため、これを取り除けば、実行ごとに異なる値が得られる。

したがって、仮説検定を 5% 閾値で行うならば、偽陽性が 20 回に 1 回起こると予期できます。

## 9.10　検出力

偽陰性率は、実際の効果量に依存しており、通常それがわからないので計算ははるかに困難です。1 つの選択肢は、仮定した効果量のもとで、偽陰性率を計算することです。

例えば、グループ間の観察された差が正しいと仮定すれば、観察標本を母集団のモデルとして使用して、シミュレーションしたデータで仮説検定を実行できます。

```
def FalseNegRate(data, num_runs=100):
    group1, group2 = data
    count = 0

    for i in range(num_runs):
        sample1 = thinkstats2.Resample(group1)
        sample2 = thinkstats2.Resample(group2)

        ht = DiffMeansPermute((sample1, sample2))
        pvalue = ht.PValue(iters=101)
        if pvalue > 0.05:
            count += 1

    return count / num_runs
```

`FalseNegRate` は、それぞれのグループについて 1 つずつ、2 つのシーケンスという形式でデータを取ります。ループを回すたびに、各グループからランダムに標本を取り出す実験をシミュレーションして、仮説検定を実行します。そして、結果をチェックして、偽陰性の個数を数えます。

`Resample` は、シーケンスを取って、同じ長さの標本を復元抽出します。

```
def Res ample(xs):
    return np.random.choice(xs, len(xs), replace=True)
```

妊娠期間を検定するコードは次のようになります。

```
live, firs ts, others = first.MakeFrames()
data = firsts.prglngth.values, others.prglngth.values
neg_rate = FalseNegRate(data)
```

結果は70%で、平均妊娠期間の実際の相違が0.78週なら、この標本サイズの実験で、全体の70%が陰性検定となると予期されます。

この結果は、しばしば別の言い方をされます。すなわち、実際の相違が0.78週なら、陽性検定は、全体の30%しかないと予期すべきだというものです。この**正陽性率**（correct positive rate）は、検定の**能力**（power）や**感度**（sensitivity）と呼ばれます。これは、与えられたサイズの効果を検出する検定の能力を反映します。

この例では、検定は、(差が0.78週という仮定のもとで) 30%しか陽性の結果を導くことができません。大雑把に言って、80%の能力なら受理可能と考えられるので、この検定は、「検出力不足（underpowered）」と言えるでしょう。

一般に、陰仮説検定は、グループ間で差がないことを意味するものではありません。それは、差があるとしても、あまりに小さくてこの標本サイズでは検出できないということを示しています。

## 9.11　再現

本章で示した仮説検定過程は、厳密に言えば、あまりよいやり方ではありません。

まず、複数の検定を行いました。仮説検定を1回だけ行えば、偽陰性の機会が20に1なので、受け入れ可能なことになります。しかし、20回実行すれば、大抵の場合、少なくとも1回は偽陽性だと予期すべきです。

第二に、同じデータセットを検索と検定とに用いました。巨大なデータセットを検討して、驚くべき効果を発見したとします。それが有意であるかどうかを同じデータセットで検定したとすれば、偽陰性の結果を生じる確率はかなり高くなります。

多重検定を補正するために、$p$値の閾値を調整できます（https://en.wikipedia.org/wiki/Holm-Bonferroni_method を参照してください）。あるいは、データを分割して、1つを探索のために用い、もう1つを検定のために用いることで、これらの問題に対処できます。

分野によっては、これらの手法が必要であったり、奨励されています。しかし、公開された結果を再現することで、これらの問題に対して暗黙のうちに対応していることもよく見受けられます。典型的には、新しい結果を報じた最初の論文が探索的と考

えられます。続く、別の新たなデータで、その結果を再現した論文は、確証的とみなされます。

実は、本章の結果が再現できるか調べることもできます。本書の初版は、2002年に出されたNSFGのサイクル6に基づいていました。2011年10月にCDCは2006-2010年に行われたインタビューに基づいた追加データを発表しています。nsfg2.pyに、このデータを読み込んでクリーニングするコードが含まれています。新たなデータセットは次の性質を備えています。

- 平均妊娠期間の差は0.16週で、$p < 0.001$で統計的に有意である（元のデータセットでは0.078週だった）。
- 出生時体重の差は、$p < 0.001$の0.17ポンドである（元のデータセットでは0.12ポンドだった）。
- 出生時体重と母親の年齢との相関は、$p < 0.001$の0.08である（元は0.07）。
- カイ二乗検定は、$p < 0.001$で統計的に有意である（元のでもそうだった）。

まとめると、元のデータセットで統計的に有意だったすべての効果は、新たなデータセットで再現されており、妊娠期間の差は、元のでは有意でなかったが、新たなデータセットではより大きくなり、有意になりました。

## 9.12 演習問題[†]

### 演習問題9-1

標本サイズが大きくなると仮説検定の能力が増えるが、これは、効果が実際あるなら陽性になりやすくなることを意味する。逆に言えば、標本サイズが小さくなると、効果が実際にあっても、検定が陽性であることが少なくなる。

この振る舞いを調べるために、NSFGデータの異なる部分集合について本章での検定を実行してみなさい。DataFrameの行の部分集合をランダムに選ぶには、thinkstats2.SampleRowsを使うことができる。

標本サイズが減ると、これらの検定の$p$値に何が起こるだろうか。陽性の検定が出

---

[†] この問題の解答はchap09soln.pyにある。

た最小標本サイズは、いくつか。

### 演習問題9-2

「9.3 平均の差を検定する」では並べ替えで帰無仮説をシミュレーションした。すなわち、観察した値をあたかも母集団全体を代表して、母集団のメンバーが2グループにランダムに割り当てられたかのように扱った。

母集団の分布を推定するのに標本を使うもう1つの方法は、分布からランダムに標本を抽出するものである。この過程はリサンプリング（resampling）と呼ばれる。リサンプリングを実装するにはいくつかの方法があるが、最も単純なのは、「9.10 検出力」で行ったように、観察値から置き換えで標本を抽出するものだ。

並べ替えではなくリサンプリングを実装する、DiffMeansPermute を継承して RunModel をオーバーライドする DiffMeansResample という名前のクラスを書きなさい。

このモデルを用いて、妊娠期間と出生時体重での差を検定しなさい。モデルは結果にどの程度影響しただろうか。

## 9.13　用語集

**仮説検定（hypothesis testing）**
　観察された効果が統計的に有意かどうかを決定する過程。

**検定統計量（test statistic）**
　効果の程度を定量化するのに使われる統計量。

**帰無仮説（null hypothesis）**
　観察された効果が偶然によるものだとの仮定に基づいたシステムのモデル。

**$p$ 値（p-value）**
　効果が偶然生じる確率。

**統計的に有意（statistically significant）**
　ある効果が統計的に有意なのは、それが偶然によっては生じそうにないとされる場合である。

**並べ替え検定（permutation test）**
　$p$ 値を、観察されたデータセットの並べ替えで計算する手法。

リサンプリング検定（resampling test）
　$p$ 値を、観察されたデータセットから置き換えによって標本を生成することで計算する手法。

両側検定（two-sided test）
　「観察された効果と同じ程度の効果が、正負どちらでも生じる機会はどれぐらいか」と問う検定。

片側検定（one-sided test）
　「観察された効果と同じ程度の効果が、同じ方向で生じる機会はどれぐらいか」と問う検定。

カイ二乗検定（chi-squared test）
　検定統計量としてカイ二乗統計量を用いる検定。

偽陽性（false positive）
　効果が実際にはないのに、実際にあるとする結論。

偽陰性（false negative）
　効果が偶然によるものではないのに、偶然によるとする結論。

検出力（power）
　帰無仮説が偽である場合に、陽性検定となる確率。

# 10章
# 線形最小二乗法†

## 10.1 最小二乗適合

相関係数は、関係の強度と符号を示しますが、傾きは示しません。傾きを推定するには多数の方法がありますが、一般的には**線形最小二乗適合法**（linear least squares fit）を使用します。「線形適合」は、変数間の関係をモデル化する直線です。「最小二乗」適合は、直線とデータとの間の平均二乗誤差（MSE）を最小化します。

平面上の点のシーケンス ys があって、他の点のシーケンス xs の関数として表現したいとしましょう。xs と ys との間に線形関係があり、切片が inter、傾きが slope なら、y[i] が inter+slope*x[i] になるはずです。

しかし、相関が完全でない限りは、この予測は近似でしかありません。直線との鉛直方向の偏差、すなわち**残差**は次のようになります。

    res = ys - (inter + slope * xs)

残差は、測定誤差のような偶然の要因によるものか、未知の偶然によらない要因によるものかのどちらかです。例えば、体重を身長の関数として予測しようとするなら、未知の要因には、ダイエット、運動、体型などが含まれます。

パラメータの inter や slope を間違えると残差は大きくなるので、直感的には、望ましいパラメータとは、残差を最小にするものです。

最小化するのは、残差の絶対値、または二乗和、または三乗和などがありえますが、普通選択するのは、残差二乗和、sum(res**2) です。

---

† 本章のコードは、scatter.pyにある。コードのダウンロードや扱い方については、viiiページの「コードを使う」を参照してほしい。

どうしてでしょうか。次のような重要な理由が3つと、それほど重要でない理由が1つあります。

- 二乗は正の残差と負の残差を同様に扱う。これが通常望まれることである。

- 二乗は大きな残差により重みを置くが、最大値が常に支配的になるほどにはしない。

- 残差に相関がなく、平均0、分散が（未知の）定数の正規分布の場合、最小二乗適合は、interとslopeとの最尤法となる。Wikipediaの「線形回帰」https://en.wikipedia.org/wiki/Linear_regression の中のMaximum likelihood estimationについての説明参照[†]。

- 二乗残差を最小化するinterとslopeとの値は、効率的に計算できる。

最後の理由が成り立ったのは、手元の問題に対して最適な手法を選ぶより、計算効率のほうが重要な計算機の能力が低かった時代の話です。今はそんな時代ではないので、二乗残差の最小化が求めていることかどうかを検討するほうが価値があります。

例えば、ysの値予測にxsを使うとして、予測値が実際より高すぎる方が、低すぎるよりも好ましい（あるいは、好ましくない）ことがあります。そのような場合、それぞれの残差についてコスト関数を計算して、全体コスト sum(cost(res)) を最小化する方が良いかもしれません。ただ、最小二乗適合を計算するほうが、速くて、簡単で、十分な場合が多いのです。

## 10.2 実装

thinkstats2では、線形最小二乗を行う簡単な関数を用意しています。

```
def LeastSquares(xs, ys):
    meanx, varx = MeanVar(xs)
    meany = Mean(ys)

    slope = Cov(xs, ys, meanx, meany) / varx
```

---

[†] 訳注：原文には、Linear_regressionしか記述がない。日本語の「線形回帰」の項目は、英語の記述に対応していないので、最尤推定の説明が欠けている。

```
        inter = meany - slope * meanx

        return inter, slope
```

この LeastSquares は、シーケンス xs と ys とを引数にとって、パラメータ inter と slope の推定値を返します。どのように働くかの詳細は、Wikipedia の http://en.wikipedia.org/wiki/Linear_least_squares_(mathematics) の Example[†] を参照してください。

thinkstats2 には、inter と slope を引数にとってシーケンス xs と ys に適合する直線を返す FitLine もあります。

```
    def FitLine(xs, inter, slope):
        fit_xs = np.sort(xs)
        fit_ys = inter + slope * fit_xs
        return fit_xs, fit_ys
```

これらの関数を使って、出生時体重の最小二乗適合を母親の年齢の関数として計算できます。

```
    live, firsts, others = first.MakeFrames()
    live = live.dropna(subset=['agepreg', 'totalwgt_lb'])
    ages = live.agepreg
    weights = live.totalwgt_lb

    inter, slope = thinkstats2.LeastSquares(ages, weights)
    fit_xs, fit_ys = thinkstats2.FitLine(ages, inter, slope)
```

推定切片は 6.8 ポンド、傾きは年に 0.017 ポンドです。この値は、このままでは解釈しづらいです。切片は、母親が 0 歳のときの赤ちゃんの体重で、文脈として意味をなさず、傾きはあまりに緩くて簡単に把握できません。

切片を $x = 0$ で取る代わりに、$x$ の平均値で取ることが役立つことがよくあります。この場合、平均年齢は 25 歳で、平均の乳児体重は 7.3 ポンドです。傾きは、年 0.27 オンス、10 年で 0.17 ポンドです。

図 10-1 は、出生時体重と年齢の散布図を適合線とともに示します。このような図を見て、関係が線形であるか、適合線が良いモデルとなっているかを確認するように

---

[†] 訳注：原文は、http://wikipedia.org/wiki/Numerical_methods_for_linear_least_squares。実際には上の記述になる。対応日本語版は、「最小二乗法」だが、英語版の Example に対応する箇所は抜けている。

しましょう。

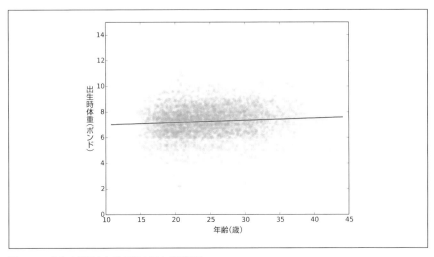

図10-1　出生時体重と年齢の散布図と線形適合

## 10.3　残差

もう1つの有用なテストは、残差を図示することです。thinkstats2には、残差を計算する関数があります。

```
def Residuals(xs, ys, inter, slope):
    xs = np.asarray(xs)
    ys = np.asarray(ys)
    res = ys - (inter + slope * xs)
    return res
```

Residualsは、列xsとys、推定パラメータinterとslopeを引数に取ります。返すのは、実際の値と適合線との差です。

残差を可視化するために、回答者を年齢別に分けて、「7.2 関係を特徴付ける」のように各グループのパーセンタイルを計算しました。図10-2は、各年齢グループでの残差の25、50、75のパーセンタイルを示します。中央値は、期待どおりゼロに近く、四分位範囲は約2ポンドです。したがって、母親の年齢がわかれば、50%の赤ちゃんの体重を、差が1ポンド以内に収まるよう推測できます。

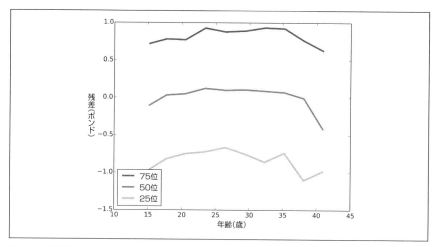

図 10-2 線形適合の残差

　理想的には、この線は平坦で、残差がランダムなことを示し、お互いに平行で、残差の分散がすべての年齢群で同じであることを示すべきです。実際のところ、図の線は平行に近いですから、よいでしょう。しかし、真っ直ぐでなくて曲がっていますから、関係が非線形なことを示唆しています。それでも、線形適合は単純なモデルで、ある種の目的にはおそらく十分でしょう。

## 10.4 推定

　パラメータ inter と slope は、標本から推定されています。他の推定同様、標本バイアス、計測誤差、標本誤差の影響を受けます。8章で論じたように、標本バイアスは、代表になっていないサンプリングから、測定誤差は、データの収集記録の過ちから、そして標本誤差は、母集団全体ではなく、標本を測定するという結果から引き起こされます。

　標本誤差の程度を評価するには、「この実験をもう一度行うとしたら、推定結果にどの程度の変動が予測されるだろうか」という質問に答えます。この質問に対して、実験をシミュレーションし、推定の標本分布を計算して答えることができます。

　データをリサンプリングして実験をシミュレーションします。すなわち、標本として取られた妊娠データをあたかも母集団全体と見なして、そこから標本を取り、もと

の標本と置き換えます。

```
def SamplingDistributions(live, iters=101):
    t = []
    for _ in range(iters):
        sample = thinkstats2.ResampleRows(live)
        ages = sample.agepreg
        weights = sample.totalwgt_lb
        estimates = thinkstats2.LeastSquares(ages, weights)
        t.append(estimates)

    inters, slopes = zip(*t)
    return inters, slopes
```

SamplingDistributions は、引数 live で、各行に出生データのある DataFrame を取り、シミュレーションする実験回数を引数 iter として取ります。ResampleRows を使って、得られた妊娠データからリサンプリングを行います。DataFrame から無作為抽出で行を取り出す SampleRows はすでに登場しました。thinkstats2 には、ResampleRows もあって、これは、元と同じサイズの標本を返します。

```
def ResampleRows(df):
    return SampleRows(df, len(df), replace=True)
```

リサンプリングの後で、シミュレーションした標本を使って、パラメータを推定します。結果は、推定した切片と傾きの2つのシーケンスになります。

標準誤差と信頼区間を出力して、標本分布の要約を与えます。

```
def Summarize(estimates, actual=None):
    mean = thinkstats2.Mean(estimates)
    stderr = thinkstats2.Std(estimates, mu=actual)
    cdf = thinkstats2.Cdf(estimates)
    ci = cdf.ConfidenceInterval(90)
    print('mean, SE, CI', mean, stderr, ci)
```

Summarize は、推定値のシーケンスと実際の値とを引数に取り、推定の平均、標準誤差、90%信頼区間を出力します。

切片については、平均推定値は 6.83、標準誤差 0.07、90%信頼区間が (6.71, 6.94) でした。傾きの推定は、省略記法で書くと、0.0174, SE 0.0028, CI (0.0126, 0.0220)

となります†。信頼区間の右端と左端とで2倍の開きがあるので、粗い推定だと考えるべきでしょう。

推定標本誤差の可視化には、各年齢について適合線を描くか、あるいは、もう少しきちんとした表現が必要なら、90％信頼区間を描くことで対応できます。そのコードは次のようになります。

```
def PlotConfidenceIntervals(xs, inters, slopes,
                            percent=90, **options):
    fys_seq = []
    for inter, slope in zip(inters, slopes):
        fxs, fys = thinkstats2.FitLine(xs, inter, slope)
        fys_seq.append(fys)

    p = (100 - percent) / 2
    percents = p, 100 - p
    low, high = thinkstats2.PercentileRows(fys_seq, percents)
    thinkplot.FillBetween(fxs, low, high, **options)
```

引数の xs は、母親の年齢のシーケンス。inters と slopes とは、先ほどの SamplingDistributions で生成された推定パラメータのシーケンス。percent は、プロットする信頼区間を示します。

PlotConfidenceIntervals は、inter と slope の対ごとに適合線を生成し、結果の列を fys_seq に保持します。それから、PercentileRows を使って、x の各値に対する y の上位パーセンタイルと下位パーセンタイルとを選びます。90％信頼区間の場合、5 パーセンタイルと 95 パーセンタイルとが選ばれます。FillBetween は、2 つの線の間の空隙を埋めるよう多角形を描きます。

図 10-3 は、出生時体重を母親の年齢の関数として、50％と 90％との信頼区間での適合線を示します。図形領域の垂直方向の幅が標本誤差の効果を示します。平均に近い値では影響が小さく、端に行くと大きくなります。

---

† 訳注：平均推定値は 0.0174、標準誤差 0.0028、90％信頼区間が (0.0126, 0.0220) ということだ。

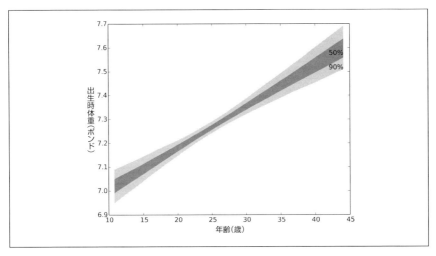

図 10-3　inter と slope の標本誤差に起因する適合線での変動を示す 50% と 90% との信頼区間

## 10.5　適合度

線形モデルの品質、すなわち、**適合度**（goodness of fit）を測定するには複数の方法があります。最も単純なのは、残差の標準偏差です。

予測するのに線形モデルを使っているなら、Std(res) が予測の平均二乗誤差の平方根（RMSE）になります。例えば、出生時体重を予測するために母親の体重を使うなら、予測の RMSE は、1.40 ポンドです。

母親の年齢を知らずに出生時体重を予測するなら、その予測の RMSE は、Std(ys) なので、1.41 ポンドです。したがって、母親の年齢を知ることが予測を大きく改善するわけではありません。

適合度を測るもう 1 つの方法は、**決定係数**（coefficient of determination）$R^2$ [†] で次のコードで求めます。

```
def CoefDetermination(ys, res):
    return 1 - Var(res) / Var(ys)
```

Var(res) は、このモデルを使った予測の MSE（平均二乗誤差）で、Var(ys) はモ

---

[†]　通常、$R^2$ は英語では「R square」と読む。

デルなしの MSE です。したがって、この比はモデルを使っても残る MSE の割合を示し、$R^2$ はモデルで削減される MSE の割合を示します。

出生時体重と母親の年齢の $R^2$ は 0.0047 であり、これは母親の年齢から出生時体重の変動の 0.5％を予測できることを意味します。

決定係数とピアソンの相関係数との間には、$R^2 = \rho^2$ という単純な関係があります。例えば、$\rho$ が 0.8 か -0.8 なら、$R^2 = 0.64$ です。

$\rho$ と $R^2$ とは関係の強さを数量化するのに使われますが、予測能力として解釈するのはたやすくはありません。私は、Std(res) が、予測品質を表すには最良だと考えています。併せて Std(ys) を示すとより良いでしょう。

例えば、SAT（米国の大学入学判定に使われる標準試験）の妥当性が論じられる場合、SAT の点数と他の知性測定値との相関がよく取り上げられます。

ある研究によれば、全 SAT 点数と IQ 値との間には、ピアソン係数 $\rho = 0.72$ の関係があり、それは相関が強いように聞こえます。しかし、$R^2 = \rho^2 = 0.52$ ですから、SAT 点数は、IQ の変動の 52％しか占めません。

IQ 値は、Std(ys) = 15 で正規化されるので、次のようになります。

```
>>> var_ys = 15**2
>>> rho = 0.72
>>> r2 = rho**2
>>> var_res = (1 - r2) * var_ys
>>> std_res = math.sqrt(var_res)
10.4096
```

したがって、SAT の点数を使って IQ を予測すると、RMSE が 15 から 10.4 になります。相関の 0.72 は、RMSE を 31％削減するだけです。

相関が強そうな関係を目にしたら、$R^2$ のほうが MSE の削減についてはより良い指標であり、RMSE の削減のほうが予測能力のより良い指標であることを思い出しましょう。

## 10.6 線形モデルの検定

出生時体重への母親の年齢の影響は小さくて、あまり予測能力を持ちません。それでは、見かけ上の関係はたまたま偶然だったのでしょうか。線形適合の結果を検定するいくつかの方法があります。

第一の方法は、MSE の見かけ上の削減が偶然かどうかを検定します。この場合、検定統計量は $R^2$ で、帰無仮説は、変数間には何の関係もないことです。母親の年齢と出生時体重との相関を検定した「**9.5 相関を検定する**」でのように、復元抽出を使って、この帰無仮説をシミュレーションできます。実際、$R^2 = \rho^2$ なので、$R^2$ の片側検定は、$\rho$ の両側検定と等しくなります。すでにこの検定を行い、$p < 0.001$ であることがわかっているので、母親の年齢と出生時体重とに見られる関係が統計的に有意だと結論できます。

第二の方法では、傾きが偶然によるものかどうかを検定します。帰無仮説は、傾きが実際にはゼロだというものです。この場合、出生時体重を平均の周りのランダムな変動としてモデル化できます。このモデルの仮説検定は次のようになります。

```
class SlopeTest(thinkstats2.HypothesisTest):

    def TestStatistic(self, data):
        ages, weights = data
        _, slope = thinkstats2.LeastSquares(ages, weights)
        return slope

    def MakeModel(self):
        _, weights = self.data
        self.ybar = weights.mean()
        self.res = weights - self.ybar

    def RunModel(self):
        ages, _ = self.data
        weights = self.ybar + np.random.permutation(self.res)
        return ages, weights
```

データは、年齢と体重のシーケンスです。検定統計量は、`LeastSquares` で推定される傾きです。帰無仮説のモデルは、すべての新生児の平均体重と平均からの偏差で表されます。シミュレーションデータを生成するために、偏差を置換しては平均に加えます。

仮説検定を実行するコードは次のようになります。

```
live, firsts, others = first.MakeFrames()
live = live.dropna(subset=['agepreg', 'totalwgt_lb'])
ht = SlopeTest((live.agepreg, live.totalwgt_lb))
pvalue = ht.PValue()
```

$p$ 値は 0.001 より小さいので、推定傾きは小さいですが、偶然によるということはありえません。

帰無仮説をシミュレーションすることによる $p$ 値の推定は、まったく正しいのですが、もっと簡単な方式があります。傾きの標本分布を「**10.4 推定**」ですでに計算したことを覚えていますね。そのときに、観察された傾きは正しいと仮定して、リサンプリングによって実験をシミュレーションしました。

図 10-4 は、「**10.4 推定**」で得られた傾きの標本分布と帰無仮説のもとで生成された傾きの分布とを示します。標本分布は、推定傾き 0.017 ポンド / 年を中心とした周りに、帰無仮説のもとでの傾きは 0 を中心とした周りに分布します。しかし、それを除いては、分布は同じです。分布は、「**14.4 中心極限定理**」で述べる理由から、対称になってもいます。

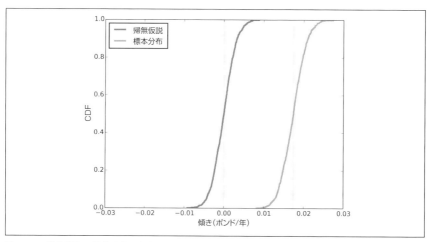

図 10-4　推定傾きの標本分布と帰無仮説のもとで生成された傾きの分布。垂直な線は、0 と観察された傾き 0.017 ポンド / 年

したがって、$p$ 値を次の 2 つの方法で推定できます。

- 帰無仮説のもとでの傾きが観察された傾きを超える確率を計算する。
- 標本分布の傾きが 0 より小さくなる確率を計算する（推定傾きが負なら、標本分布の傾きが 0 を超える確率を計算する）。

いずれにせよパラメータの標本分布を計算するのが普通なので、2番目のほうが容易です。それに、標本サイズが小さくて、なおかつ、残差の分布が偏っていない限りは、そちらが良い近似になります。$p$値は、精密である必要はないので、通常はそれで十分です。

標本分布を用いて傾きの$p$値を推定するコードは次のようになります。

```
inters, slopes = SamplingDistributions(live, iters=1001)
slope_cdf = thinkstats2.Cdf(slopes)
pvalue = slope_cdf[0]
```

再び、$p < 0.001$になります。

## 10.7　重み付けリサンプリング

ここまでは、NSFGのデータを代表標本として扱ってきましたが、「1.2　全米世帯動向調査」で述べたように、実は代表標本ではありません。この調査では、いくつかのグループについて意図的にオーバーサンプリングすることにより、統計的に有意な結果が得られる機会を改善しています。すなわち、これらのグループを含めた検定力を改善しています。

この調査設計は多目的に有用なことですが、それは、標本化過程を検討しないままでは母集団の値の推定にこの標本を使うわけにはいかないことを意味します。

各回答者に対して、NSFGデータには、finalwgtという変数があり、回答者が母集団の中のどれだけの人数を代表するかを示しています。この値は、**標本化重み**（sampling weight）とか、単に「重み」と呼ばれます。

例えば、人口3億人の国で100,000人について調査すれば、各回答者は3,000人の代表となります。あるグループを係数2でオーバーサンプリングすると、そのオーバーサンプルグループでは、1人がもっと低い重み、1,500を持つことになります。

オーバーサンプリングを正すには、リサンプリングを使用します。すなわち、標本化重みに応じた確率を用いて、調査結果から標本を取り出すのです。そうすると、推定したい量に関して、標本分布、標準誤差、信頼区間を生成できます。例として、標本化重みのある場合とない場合とで平均出生時体重を推定してみます。

「10.4　推定」に`ResampleRows`がありましたが、各行が同じ確率だとしてDataFrameから行を選ぶものです。今度は、同じことを、標本化重みに応じた確率を使って行う必要があります。`ResampleRowsWeighted`は、DataFrameを引数に

取り、`finalwgt` の重みに応じて行をリサンプリングして、再標本化した行を含む DataFrame を返します。

```
def ResampleRowsWeighted(df):
    weights = df.finalwgt
    pmf = thinkstats2.Pmf(weights.iteritems())
    cdf = pmf.MakeCdf()
    indices = cdf.Sample(len(weights))
    sample = df.loc[indices]
    return sample
```

`pmf` は、各行のインデックスに正規化した重みを対応付けます。`pmf` を Cdf に変換することで、標本化過程が速くなります。`indices` は行のインデックスのシーケンス、`sample` は選択した行を含む DataFrame です。標本を復元抽出しているので、同じ行が複数回出現するかもしれません。

さて、重み付きと重みなしとでリサンプリングした効果を比較できます。重みなしだと、次のような標本分布ができます。

```
estimates = [ResampleRows(live).totalwgt_lb.mean()
             for _ in range(iters)]
```

重み付きだと次のようになります。

```
estimates = [ResampleRowsWeighted(live).totalwgt_lb.mean()
             for _ in range(iters)]
```

結果は次の表のようにまとめられます。

|  | 平均出生時体重（ポンド） | 標準誤差 | 90%CI |
| --- | --- | --- | --- |
| 重みなし | 7.27 | 0.014 | (7.24, 7.29) |
| 重み付き | 7.35 | 0.014 | (7.32, 7.37) |

この例では、重み付けの効果は小さいものの、無視できません。重みのあるなしによる推定平均の差は、約 0.08 ポンド、1.3 オンスです。この差は、推定の標準誤差 0.014 ポンドよりもかなり大きく、この差が偶然によるものではないことを意味します。

## 10.8 演習問題[†]

### 演習問題 10-1

BRFSS のデータを用いて、log（体重）対身長の線形最小二乗適合を計算しなさい。変数の 1 つが対数変換された、このようなモデルに対する推定パラメータをどのようにうまく表すとよいか。誰かの体重を推量しようとするとき、身長を知ることがどれだけ役立つだろうか。

NFSG 同様 BRFSS もいくつかのグループでオーバーサンプリングしており、各回答者に標本化重みを与えている。BRFSS データでは、この重みの変数名は、totalwt である。重みのある場合とない場合とでリサンプリングを用いて、BRFSS の回答者の平均身長、平均の標準誤差、90％信頼区間を推定しなさい。正しい重み付けは推定にどの程度影響しただろうか。

## 10.9 用語集

**線形適合（linear fit）**
　変数間の関係をモデル化する直線。

**最小二乗適合（least squares fit）**
　残差の二乗の和を最小にするようなデータセットのモデル。

**残差（residual）**
　実際の値とモデルとの偏差。

**適合度（goodness of fit）**
　モデルがデータにどれだけよく適合しているかの尺度。

**決定係数（coefficient of determination）**
　適合度を量化するための統計量。

**標本化重み（sampling weight）**
　標本が母集団のどの部分を代表するかを示す、標本の観察に伴う値。

---

[†] この問題の解答は chap10soln.ipynb にある。

# 11章
# 回帰†

前章の線形最小二乗適合は、**回帰**（regression）の一例です。回帰は、任意の種類のモデルが任意の種類のデータに適合するかどうかというずっと一般的な問題です。用語「回帰」のこの使い方は、歴史的偶然でしかありません。語の元々の意味とは間接的にしか関係していません。

回帰分析の目的は、**従属変数**（dependent variable）と呼ばれる変数集合と独立変数または**説明変数**（explanatory variable）と呼ばれる別の変数集合との間の関係を記述することです。

前章では、母親の年齢を説明変数として使い、従属変数である出生時体重を予測しました。1つの従属変数、1つの説明変数しかない場合は、**単回帰**（simple regression）です。本章では、複数の説明変数がある**重回帰**（multiple regression）も扱います。複数の従属変数があるなら、**多変量回帰**（multivariate regression）です。

従属変数と説明変数との関係が線形なら、**線形回帰**（linear regression）です。例えば、従属変数が $y$ で説明変数が $x_1$ と $x_2$ なら、次のような線形回帰モデルを書きます。

$$y = \beta_0 + \beta_1 x_1 + \beta_2 x_2 + \varepsilon$$

ここで、$\beta_0$ は切片、$\beta_1$ は $x_1$ に伴うパラメータ、$\beta_2$ は $x_2$ に伴うパラメータ、$\varepsilon$ は無作為変動または未知の要因による残差です。

$y$ の値のシーケンスと $x_1$ と $x_2$ のシーケンスが与えられたとき、$\varepsilon^2$ の和を最小にするパラメータ $\beta_0$, $\beta_1$, $\beta_2$ を見つけることができます。この過程は**線形最小二乗法**（ordinary least squares）と呼ばれます。計算は、thinkstats2.LeastSquare と

---

† 本章のコードは、scatter.pyにある。コードのダウンロードや扱い方については、viiiページの「コードを使う」を参照してほしい。

同様ですが、複数の説明変数も扱えるように一般化されています。詳細は、https://en.wikipedia.org/wiki/Ordinary_least_squares にあります[†]。

## 11.1 StatsModels

前章では、`thinkstats2.LeastSquares` を説明しましたが、これは線形単回帰の実装で読みやすいように意図したものでした。重回帰では、`StatsModels` に切り替えます。これは、いくつかの回帰形式だけでなく他の解析も提供する Python のパッケージです。数値計算環境として Anaconda を使っているなら、すでに `StatsModels` があるはずです。そうでないならインストールする必要があるでしょう。

例えば、前章のモデルを `StatsModels` で次のように実行します。

```
import statsmodels.formula.api as smf

live, firsts, others = first.MakeFrames()
formula ='totalwgt_lb ~ agepreg'
model = smf.ols(formula, data=live)
results = model.fit()
```

`statsmodels` には、2つのインターフェイス（API）があります。「式（formula）」APIは、従属変数と説明変数とを文字列を使って識別します。`patsy` という構文を使います。この例では、~演算子が左の従属変数と右の説明変数とを分けています。

`smf.ols` は、式の文字列と DataFrame である `live` を引数にとって、モデルを表現する OLS オブジェクトを返します。`ols` という名前は、「ordinary least squares」の頭文字です。

`fit` メソッドは、モデルをデータに適合させて、結果を含む `RegressionResult` オブジェクトを返します。

結果は属性としても得られます。`params` は、変数名をパラメータに対応付けるシーケンスなので、切片と傾きを次のようにして得ることができます。

```
inter = results.params['Intercept']
slope = results.params['agepreg']
```

---

[†] 訳注：ordinary least squares（OLS）は linear least squares とも言う。日本語の Wikipedia には、「最小二乗法」という一般的な記述しかなく、該当する項目がない。

推定パラメータ値は、LeastSquares と同じく、6.83 と 0.0175 とです。

pvalues は、変数名をその $p$ 値に対応付けるシーケンスなので、推定した傾きが統計的に有意かどうか調べることができます。

```
slope_pvalue = results.pvalues['agepreg']
```

agepreg の $p$ 値は 5.7e-11 で、予期していたとおり、0.001 よりも小さな値です。results.rsquared は、$R^2$ を表しており、その値は 0.0047 です。results には、f_pvalue もあって、これは、モデル全体の $p$ 値を与えます。すなわち、$R^2$ が統計的に有意かどうか検定するのと同じことです。

さらに、results には、残差のシーケンス resid と、agepreg に対応する適合値のシーケンス fittedvalues があります。

オブジェクト results には、読みやすい形式で結果を表す summary() というメソッドもあります。

```
print(results.summary())
```

ただし、これは、(まだ) 無関係な情報もたくさん出力するので、私は、SummarizeResult というもっと単純なメソッドを使います。このモデルの結果は次のようになります。

```
Intercept       6.83    (0)
agepreg         0.0175  (5.72e-11)
R^2 0.004738
Std(ys) 1.408
Std(res) 1.405
```

Std(ys) は従属変数の標準偏差で、説明変数を使わずに出生時体重を推定する場合の RMSE です。Std(res) は残差の標準偏差で、母親の年齢がわかっている場合に推定する場合の RMSE です。すでに登場しましたが、母親の年齢がわかっても推測に大幅な改善はありません。

## 11.2 重回帰

「4.5 CDF を比較する」で、第一子がその後の子供よりも体重が軽くて、これが統計的に有意なことを説明しました。しかし、これは、最初の赤ちゃんを軽くするよ

うな仕組みが明らかでないため、奇妙な結果です。そこで、この関係は見かけ上の擬似的なもの（spurious）ではないかと疑わしくなります。

実際には、納得のいく説明があります。出生時体重が母親の年齢に依存することを見てきたので、第一子を産んだときの母親は、他の子供を産んだときより若いと期待できます。

少し計算することで、この説明がもっともかどうかを調べられます。それから、重回帰を使って、詳しく調べることができます。最初に、相違がどれほど大きいかを見てみましょう。

```
diff_weight = firsts.totalwgt_lb.mean() - others.totalwgt_lb.mean()
```

第一子は、0.125 ポンドすなわち 2 オンス軽いです。年齢差は次のようになります。

```
diff_age = firsts.agepreg.mean() - others.agepreg.mean()
```

第一子を産んだときの母親は、3.59 歳若いです。線形モデルを再度実行して、年齢の関数として出生時体重の変動を求めます。

```
results = smf.ols('totalwgt_lb ~ agepreg', data=live).fit()
slope = results.params['agepreg']
```

傾きは 1 年で 0.175 ポンドです。傾きに年齢差を掛けると、第一子と他の子との母親の年齢差による期待差が求められます。

```
slope * diff_age
```

結果は 0.063 で、観察された差のほぼ半分です。したがって、とりあえずは、出生時体重の観察された差の一部は、母親の年齢差によって説明できると結論できます。

重回帰を用いると、これらの関係をもっと系統的に検討できます。

```
live['isfirst'] = live.birthord == 1
formula ='totalwgt_lb ~ isfirst '
results = smf.ols(formula, data=live).fit()
```

1 行目は新たな列 isfirst を作成しており、これは、第一子なら真、そうでないと偽です。isfirst を説明変数に使ってモデルに適合させます。

結果は次のとおりです。

```
Intercept 7.33 (0)
isfirst[T.True] -0.125 (2.55e-05)
R^2 0.00196
```

isfirst は論理型なので、ols は isfirst を数値としては扱わず、True と False のようなカテゴリ値を持つ**カテゴリ変数**(categorical variable) として扱います。期待パラメータは、isfirst が真のときの出生時体重への影響ですから、結果、−0.125 ポンドは、第一子とその他の新生児との出生時体重差になります。

傾きと切片とは統計的に有意であり、それはこれらが偶然によるものではないことを意味しますが、このモデルの $R^2$ 値は小さくて、isfirst が出生時体重の変動の大部分を説明するものではないことを意味します。

agepreg についての結果も同様です。

```
Intercept 6.83 (0)
agepreg 0.0175 (5.72e-11)
R^2 0.004738
```

この場合も、パラメータは統計的に有意ですが、$R^2$ は低い値です。

これらのモデルは、すでに見てきた結果を確認するものです。しかし、ここで両方の変数を含む単一モデルを適合させることができます。式「totalwgt_lb ~ isfirst + agepreg」によって、次が得られます。

```
Intercept        6.91     (0)
isfirst[T.True] -0.0698  (0.0253)
agepreg          0.0154  (3.93e-08)
R^2 0.005289
```

結合モデルでは、isfirst のパラメータが半分ほど小さくなり、isfirst の見かけ上の影響の一部が実際には agepreg が原因であると説明できます。そして、isfirst の $p$ 値が約 2.5% で、統計的に有意なギリギリとなります。

このモデルの $R^2$ は、少し高くなって、2 変数を一緒にすると、どちらかだけの場合よりも出生時体重の変動をよりうまく説明する(しかし、そんなに大きくではない)ことを示唆します。

## 11.3 非線形関係

agepregの貢献が非線形かもしれないということを思い出してください。そのような関係を捕捉する変数の追加を考えましょう。方法の1つとして、年齢の平方を含むagepreg2というカラムを作ることが挙げられます。

```
live['agepreg2'] = live.agepreg**2
formula ='totalwgt_lb ~ isfirst + agepreg + agepreg2'
```

さて、agepregとagepreg2とのパラメータを推定することで、結果的に放物線を適合させます。

```
Intercept         5.69      (1.38e-86)
isfirst[T.True] -0.0504    (0.109)
agepreg          0.112     (3.23e-07)
agepreg2        -0.00185   (8.8e-06)
R^2 0.007462
```

agepreg2のパラメータは負で、放物線は下向きであり、図10-2の曲線に合致します。

agepregの2次モデルは、出生時体重の変動をより多く説明します。isfirstのパラメータは、このモデルでは、さらに小さくなって、もはや統計的に有意ではありません。

agepreg2のように計算結果の変数の利用は、多項式やその他の関数をデータに適合させるときによく使う方法です。この過程は、まだ線形回帰だと考えられます。その理由は、ある変数が他の変数の非線形関数かどうかにはかかわらず、従属変数が説明変数の線形関数だからです。

次の表は、これらの回帰の結果をまとめたものです。

|         | isfirst          | agepreg   | agepreg2    | $R^2$  |
|---------|------------------|-----------|-------------|--------|
| Model 1 | $-0.125$ *       | -         | -           | 0.002  |
| Model 2 | -                | 0.0175 *  | -           | 0.0047 |
| Model 3 | $-0.0698$ (0.025)| 0.0154 *  | -           | 0.0053 |
| Model 4 | $-0.0504$ (0.11) | 0.112 *   | $-0.00185$ *| 0.0075 |

この表の列は3つの説明変数と決定係数 $R^2$ です。各項目は推定パラメータで、その後ろのカッコ内は $p$ 値です。後ろにアスタリスク（*）があるのは $p$ 値が 0.001 より小さいことを意味します。

結論として、出生時体重の見かけ上の差は、少なくとも部分的に、母親の年齢差として説明されます。モデルに母親の年齢を入れると、isfirst の影響は小さくなり、残った影響は偶然によるものかもしれません。

この例では、母親の年齢が**制御変数**（control variable）として働きます。モデルに agepreg を含めると、初産の母親とそれ以外の母親との年齢差が「制御」されて、isfirst の影響が（もしあったとしても）分離されます。

## 11.4　データマイニング

ここまでは、説明に回帰モデルを使ってきました。例えば、前節では、出生時体重の見かけ上の差が実際には母親の年齢差によることを発見しました。しかし、モデルの $R^2$ 値は大変低く、予測能力はあまりないことを意味します。本節では、さらに精度を上げます。

同僚が出産を控えていて、会社で赤ちゃんの体重を当てる賭けがあると仮定しましょう（このような賭け（betting pool）については、https://en.wikipedia.org/wiki/Betting_pool を参照してください）。

さらに、この賭けに本当に勝ちたいと仮定しましょう。勝つ確率を増やすにはどうすればよいでしょうか。NSFG のデータセットには、妊娠に関して 244 変数、回答者についてさらに 3087 変数が含まれています。この変数の中には、予測能力を持つものがあるかもしれません。どれが最も役立つかを知るために、全部試してみてはどうでしょうか。

妊娠表の変数を試してみるのは容易ですが、回答者表の変数を使うためには、妊娠ケースと回答者とを整合させねばなりません。理論的には、妊娠表の各行を順に見ていって、caseid を使って対応する回答者を見つけ、該当する表中の値をコピーして、妊娠表に付け加えればよいのです。しかし、これでは効率がよくありません。

より良い方法は、この過程を SQL やその他の関係データベース言語で定義されているジョイン（join）演算（https://en.wikipedia.org/wiki/Join_(SQL) 参照）と認識することです。join は、DataFrame のメソッドとして実装されているので、次のような操作ができます。

```
live = live[live.prglngth>30]
resp = chap01soln.ReadFemResp()
resp.index = resp.caseid
join = live.join(resp, on='caseid', rsuffix='_r')
```

第1行では、賭けが出産予定日の数週間前だと仮定して、30週を超えたレコードを選んでいます。

次の行は、回答者のファイルを読み込みます。結果は、回答者を効率的に見つけられるように整数を指数とするDataFrameです。resp.indexをresp.caseidで置き換えます。

メソッドjoinは、liveで呼び出され、それが「左の」表、引数で渡されるrespが「右の」表です。キーワード引数onは、2つの表で行を整合させるのに使う変数を示します。

この例では、同じ列名が両方の表に現れるので、右の表の重複する列の名前に追加する文字列rsuffixを指定する必要があります。例えば、両方の表に回答者の人種を示すraceという名の列があります。joinの結果は、列名がraceとrace_rの2列を含みます。

pandasの実装は高速です。NSFG表のjoinは、普通のデスクトップコンピュータで1秒かかりません。これで、変数の検定を開始できます。

```
t = []
for name in join.columns:
    try:
        if join[name].var() < 1e-7:
            continue

        formula ='totalwgt_lb ~ agepreg + ' + name
        model = smf.ols(formula, data=join)
        if model.nobs < len(join)/2:
            continue

        results = model.fit()
    except (ValueError, TypeError):
        continue

    t.append((results.rsquared, name))
```

各変数について、モデルを作り、$R^2$を計算し、結果をリストに追加します。モデ

ルのすべてで、予測能力のあることがすでにわかっている agepreg を含みます。

説明変数の各々について、変動性を調べました、そうしないと、回帰の結果は信頼できないからです。各モデルについて観察回数も調べました。多数の nan を含む変数は、予測の候補には向きません。

これらの変数のほとんどについて、クリーニングはしていません。変数のいくつかは、線形回帰ではあまりうまく働かないような符号化がされていました。結果的に、適切にクリーニングしたなら、有用だったかもしれない変数を見逃したかもしれません。それでも、よい候補は見つかるでしょう。

## 11.5 予測

次のステップは、結果を整列して、$R^2$ の最高値をもたらすような変数を選ぶことです。

```
t.sort(reverse=True)
for mse, name in t[:30]:
    print(name, mse)
```

リストの最初の変数は totalwgt_lb で、birthwgt_lb が続きました。出生時体重を予測するのに出生時体重を使うわけにはいきません。

同様に、prglngth は有用な予測能力を持ちますが、この賭けでは、prglngth（および関連変数）は未知だと仮定します。

有用な予測変数の最初は、babysex で、新生児が男か女かを示します。NSFG データセットでは、男のほうが 0.3 ポンド重いです。したがって、新生児の性別がわかったと仮定すると、それを予測に使えます。

次は、race で、回答者が白人、黒人、あるいはその他かを示します。説明変数として、race には問題があります。NSFG のようなデータセットでは、race は、収入やその他の社会的経済的要因を含めて多数の他の変数に相関します。回帰モデルでは、race は**代理変数**（proxy variable）として働き、race の見かけの相関は、他の要因によるものであることが少なくありません。

リストの次の変数は、nbrnaliv で、妊娠が多胎出産かどうかを示します。双子や三つ子は、他の新生児よりも小さいので、問題の同僚が双子の予定かどうかわかれば、役立ちます。

リストの次は paydu で、回答者に持ち家があるかどうかを示します。これは、いく

つかの収入に関係した変数の1つで、予測能力があります。NSFGのようなデータセットでは、収入と財産とはとにかく相関しています。この例では、収入は、ダイエット、健康、保健、その他出生時体重に影響すると見られる因子と関係しています。

新生児が母乳で育てられた週数を示す bfeedwks のように、リストのその他の変数には、後にならないとわからないものもあります。これらは、予測に使えませんが、bfeedwks が出生時体重に相関する理由について考えてみたくなります。

理論から出発して、データを使って検定することもあります。データから出発して、可能な理論を探すこともあるでしょう。本節で示した、後者の方式は、**データマイニング**（data mining）と呼ばれます。データマイニングの利点は、予期せぬパターンを発見できることです。困ることは、発見したパターンの多くが、偶然によるものだったり、見かけ上の擬似的なものでしかないことです。

説明変数として可能なものを選び出したので、いくつかのモデルを検定して、次のものに到達しました。

```
formula = ('totalwgt_lb ~ agepreg + C(race) + babysex==1 + '
           'nbrnaliv>1 + paydu==1 + totincr')
results = smf.ols(formula, data=join).fit()
```

この式には、初めての構文が使われています。C(race) は、式のパーサー（Patsy）に、race を、数値で符号化されているのに、カテゴリ変数として扱うようにさせます。

babysex の符号化は、男が1、女が2です。babysex==1 は、babysex を論理型に、男なら True、女なら False に変換します。

同様に、nbrnaliv>1 は多胎出産なら True を、paydu==1 は回答者が家を持つなら True を与えます。

totincr は数値的に 1 〜 14 で符号化され、1 増えるごとに年収が約 5,000 ドル増えます。この値は、5,000 ドル単位で表現された数値として扱います。

モデルの結果は次のようになります。

```
Intercept            6.63    (0)
C(race)[T.2]         0.357   (5.43e-29)
C(race)[T.3]         0.266   (2.33e-07)
babysex == 1[T.True] 0.295   (5.39e-29)
nbrnaliv > 1[T.True] -1.38   (5.1e-37)
paydu == 1[T.True]   0.12    (0.000114)
agepreg              0.00741 (0.0035)
totincr              0.0122  (0.00188)
```

race の推定パラメータは、特に、収入を制御したために、予期していたよりも大きくなっています。符号化は、黒人が 1、白人が 2、その他が 3 です。黒人の母親の新生児の体重は、他の人種の体重よりも 0.27 〜 0.36 ポンド軽いです。

すでに見たように、男子は約 0.3 ポンド重く、双子などの多胎児は、1.4 ポンド軽くなっています。

家を持っている人には、収入を制御しているにもかかわらず、約 0.12 ポンド重い新生児が生まれます。母親の年齢のパラメータは、「11.2 重回帰」で見たよりも小さく、他の変数のいくつかが、おそらく paydu と totincr を含めて相関していることを示唆します。

すべての変数が、非常に低い $p$ 値を持つものも含めて、統計的に有意ですが、$R^2$ は 0.06 しかなくて、まだかなり小さな値です。モデルを使わなくても RMSE が 1.27 ポンドで、モデルを使うと 1.23 に減少します。したがって、賭けに勝つ確率はそれほど増えません。すみませんね。

## 11.6 ロジスティック回帰

先ほどの例では、説明変数のいくつかは数値変数で、いくつかはカテゴリ変数（論理型も含めて）でしたが、従属変数は、常に数値でした。

線形回帰は、他の種類の従属変数を扱えるよう一般化できます。従属変数が論理型なら、一般化モデルは**ロジスティック回帰**（logistic regression）と呼ばれます。従属変数が整数カウントデータなら、**ポワソン回帰**（Poisson regression）と呼ばれます。

ロジスティック回帰の一例として、先ほどの会社での賭けの応用を考えましょう。友達が妊娠して、赤ちゃんが男か女かを予測したいと仮定しましょう。NSFG のデータを用いて、「性別比」（便宜上、男の子が生まれる確率と定義しておきますが）に影響する因子を見つけることができます。

従属変数を数値的に、例えば、0 を女、1 を男に符号化するなら、線形最小二乗を適用できますが、問題もあります。線形モデルは次のようになります。

$$y = \beta_0 + \beta_1 x_1 + \beta_2 x_2 + \varepsilon$$

ここで、$y$ は従属変数、$x_1$ と $x_2$ は説明変数です。残差を最小化するパラメータを見つけます。

この方式の問題は、予測を生成してもその解釈が難しいことです。推定パラメータ

と $x_1$ と $x_2$ の値から、モデルが $y = 0.5$ と予測しますが、$y$ の意味のある値は、0 か 1 なのです。

このような結果を確率で解釈したくなります。例えば、$x_1$ と $x_2$ のその値に対応するのは、男の子の確率が 50% だということですと。しかし、このモデルで、$y = 1.1$ とか $y = -0.1$ という予測も可能で、これらには妥当な確率がありません。

ロジスティック回帰は、予測を確率ではなくて、**オッズ（odds）**という別の用語を使うことでこの問題を回避します。オッズに馴染みがないなら、イベントの「勝算がある（odds in favor）」とは、起こる確率と起こらない確率との比であることを覚えてください。

自分のチームが勝つ確率が 75% だと思うなら、勝つオッズ（勝算）は 3 対 1、なぜなら勝つ機会のほうが負ける機会の 3 倍だから、と言います。

オッズと確率は同じ情報の異なる表現です。確率があれば、次のようにオッズを計算できます。

```
o = p / (1-p)
```

勝つオッズがあるなら、次のように確率に変換できます。

```
p = o / (o+1)
```

ロジスティック回帰は次のモデルに基づきます。

$$\log o = \beta_0 + \beta_1 x_1 + \beta_2 x_2 + \varepsilon$$

ここで、$o$ は、ある結果が起こるオッズです。前の例で言えば、$o$ は、男の子が生まれるオッズです。

パラメータ $\beta_0, \beta_1, \beta_2$ を推定したと仮定します（この後で、どのようにして推定するかを説明します）。さらに $x_1$ と $x_2$ の値が得られたとします。$\log o$ の予測値を計算して、確率に変換できます。

```
o = np.exp(log_o)
p = o / (o+1)
```

こうして、男の子が生まれる確率予測を計算できます。しかし、パラメータはどのように推定するのでしょうか。

## 11.7 パラメータを推定する

線形回帰と異なり、ロジスティック回帰には閉形式の解がないので、初期の解を推量して、それを繰り返し改善することで解きます。

普通の目標は、**最尤推定**（MLE、maximum-likelihood estimate）、すなわち、データの尤度を最大化するパラメータ集合を見出すことです。例えば、次のようなデータがあったとします。

```
>>> y = np.array([0, 1, 0, 1])
>>> x1 = np.array([0, 0, 0, 1])
>>> x2 = np.array([0, 1, 1, 1])
```

最初の推量を、$\beta_0 = -1.5$, $\beta_1 = 2.8$, $\beta_2 = 1.1$ で始めます。

```
>>> beta = [-1.5, 2.8, 1.1]
```

各行について `log_o` を計算します。

```
>>> log_o = beta[0] + beta[1] * x1 + beta[2] * x2
[-1.5 -0.4 -0.4  2.4]
```

対数オッズから確率に変換します。

```
>>> o = np.exp(log_o)
[ 0.223   0.670   0.670   11.02 ]

>>> p = o / (o+1)
[ 0.182   0.401   0.401   0.916 ]
```

`log_o` が0より大きいなら、o は1より大きく、p は0.5より大きいことに気を付けてください。

結果の尤度は y==1 のときに p で、y==0 のときに 1-p です。例えば、男の子の確率が0.8で結果が男の子なら、尤度は0.8です。結果が女の子なら、尤度は0.2です。これを次のようにして計算できます。

```
>>> likes = y * p + (1-y) * (1-p)
[ 0.817 0.401 0.598 0.916 ]
```

データの全体尤度は、`likes` の積です。

```
>>> like = np.prod(likes)
0.18
```

beta の先ほどの値について、データの尤度は 0.18 です。ロジスティック回帰の目標は、尤度を最大化するパラメータを見つけることです。そのために、ほとんどの統計パッケージは、ニュートン法に似た反復ソルバーを使っています（https://en.wikipedia.org/wiki/Logistic_regression#Model_fitting 参照）†。

## 11.8 実装

StatsModels は、logit と呼ばれるロジスティック回帰を実装しています。この名前は、確率を対数オッズに変換する関数の名前から来ています。使用法を示すために、性別比に影響する変数を探してみます。

再度、NSFG データをロードして、30 週を超える妊娠データを選びます。

```
live, firsts, others = first.MakeFrames()
df = live[live.prglngth>30]
```

logit では、従属変数が（論理型ではなく）二値である必要があるので、astype(int) を使って二値整数に変換した、boy という名の新しい列を作ります。

```
df['boy'] = (df.babysex==1).astype(int)
```

性別比に影響するものとして見つかった因子には、両親の年齢、出生順、人種、社会的地位が含まれます。ロジスティック回帰を使って、これらの影響が NSFG データに現れるか調べることができます。母親の年齢から始めましょう。

```
import statsmodels.formula.api as smf

model = smf.logit('boy ~ agepreg', data=df)
results = model.fit()
SummarizeResults(results)
```

logit は、ols と同じ引数、Pasty 構文の式と DataFrame とを取ります。結果は、モデルを表現する Logit オブジェクトです。これは、endog と exog と呼ばれる属性を含みます。それぞれ、従属変数の別の名前である**内生変数**（endogenous

---

† 訳注：日本語の Wikipedia にも「ロジスティック回帰」という項目はあるが、モデル適合の記述は欠けている。

variable）と、説明変数の別の名前である**外生変数**（exogenous variable）とを含みます。これらは NumPy 配列ですから、DataFrame に変換しておくと便利です。

```
endog = pandas.DataFrame(model.endog, columns=[model.endog_names])
exog = pandas.DataFrame(model.exog, columns=model.exog_names)
```

model.fit の結果は、BinaryResults オブジェクトで、ols から得られた Regression Results オブジェクトと同様です。結果をまとめると次のようになります。

```
Intercept   0.00579   (0.953)
agepreg     0.00105   (0.783)
R^2 6.144e-06
```

パラメータ agepreg は、正で、母親の年齢が高いほど男の子が生まれやすいことを示唆しますが、$p$ 値は 0.783 で、見かけ上の影響は偶然による可能性が高いことを意味します。

決定係数 $R^2$ は、ロジスティック回帰には適用されませんが、「擬似 $R^2$ 値」として使われるいくつかの代替値があります。これらは、モデルの比較に使えます。例えば、性別比に関連すると信じられるいくつかの因子を含む次のようなモデルがあります。

```
formula ='boy ~ agepreg + hpagelb + birthord + C(race)'
model = smf.logit(formula, data=df)
results = model.fit()
```

このモデルでは、母親の年齢だけでなく、出産時の父親の年齢（hpagelb）、出生順（birthord）、カテゴリ変数としての人種を含みます。結果は次のようになります。

```
Intercept     -0.0301    (0.772)
C(race)[T.2]  -0.0224    (0.66)
C(race)[T.3]  -0.000457  (0.996)
agepreg       -0.00267   (0.629)
hpagelb        0.0047    (0.266)
birthord       0.00501   (0.821)
R^2 0.000144
```

どの推定パラメータも統計的に有意ではありません。擬似 $R^2$ 値はわずかに高いものの、偶然による可能性があります。

## 11.9 正確度

会社での賭けというシナリオでは、モデルの**正確度**（accuracy）、すなわち、偶然に期待できるのと比較して予測が成功する回数という点に最も興味がありました。

NSFGデータでは、男の子のほうが女の子より多く、基本戦略は、常に「男の子」と推量することになります。この戦略の正確度は、男の子の割合そのものです。

```
actual = endog['boy']
baseline = actual.mean()
```

actualが2値なので、平均は男の子の割合を表していて、0.507です。
モデルの正確度の計算を次に示します。

```
predict = (results.predict() >= 0.5)
true_pos = predict * actual
true_neg = (1 - predict) * (1 - actual)
```

results.predictは、確率のNumPy配列を返しますが、その値を0か1に丸めてしまいます。actualを掛けることで、男の子と予測して正しかったら1、それ以外は0になります。したがって、true_posは、真陽性（true positive）を表します。

同様に、true_negは、女の子と予測して正しい場合を示します。信頼度は、正しく推量した割合です。

```
acc = (sum(true_pos) + sum(true_neg)) / len(actual)
```

結果は、0.512で、基本線の0.507よりわずかに高い値です。しかし、この結果を深刻に取らないほうがよいでしょう。同じデータを使ってモデルを構築して検定しましたから、モデルは新しいデータについては予測能力がないかもしれないのです。

それはともかく、賭けのためにこのモデルを使って予測してみましょう。友人が、35歳の白人、夫が39歳、3番目の子供になる予定だと仮定しましょう。

```
columns = ['agepreg', 'hpagelb', 'birthord', 'race']
new = pandas.DataFrame([[35, 39, 3, 2]], columns=columns)
y = results.predict(new)
```

新事例にresults.predictを呼び出すには、モデルの各変数の列を備えたDataFrameを作る必要があります。この場合の結果は0.52なので、「男の子」と予

測すべきです。ただし、モデルが賭けに勝つ確率を増やしたと言っても、差はごくわずかです。

## 11.10 演習問題†

### 演習問題 11-1

同僚の1人が出産を控えていて、出産日を当てる会社の賭けに参加していると仮定しよう。賭けは妊娠30週目に行われるとして、最良の予測をするにはどの変数を使うとよいだろうか。出産前にわかっている変数しか使えないし、賭けの参加者にわかるはずの変数しか使えない。

### 演習問題 11-2

トリヴァース・ウィラード仮説は、多くの哺乳動物で性別比が「母体の状態」、すなわち、母親の年齢、サイズ、健康状態、社会的地位のような要因に依存すると示唆する。詳細は https://en.wikipedia.org/wiki/Trivers-Willard_hypothesis を参照してほしい。

この仮説の効果をヒトについても示した研究があるが、結果は賛否入り混じっている。本章では、これらの要因に関係した変数を検定したが、性別比に統計的に有意な効果を示すものは見つからなかった。

演習として、妊娠と回答者ファイルにある他の変数をデータマイニング方式で検定しなさい。有意な効果のある因子が何か見つかったか。

### 演習問題 11-3

予測しようとする量が整数カウントの場合、ポワソン回帰が使える。これは、StatsModels で poisson という関数として実装されている。ols や logit と同じように働く。演習として、これを使って、女性の出産児数を予測しなさい。NSFGデータセットでは、この変数は numbabes である。

35歳、黒人、大学卒業で年収が75,000ドルを超えている女性に会ったと仮定しよう。何人子供を産んだと推定するだろうか。

---

† この問題の解答は chap11soln.ipynb にある。

### 演習問題 11-4

予測しようとする量がカテゴリの場合、StatsModels で mnlogit という名前の関数で実装されている多項ロジスティック回帰（multinomial logistic regression）を使える。演習として、これを使って女性が既婚、同棲中、寡婦、離婚、別居、未婚のどれかを推測しよう。NSFG データセットでは、婚姻状況は rmarital という変数の値に符号化されている。

25歳、白人、高卒で年収が約 45,000 ドルの女性に会ったと仮定しよう。彼女の、既婚、同棲中、などの確率はどうだろうか。

## 11.11　用語集

回帰（regression）
モデルをデータに適合させるパラメータ推定に関係する過程の1つ。

従属変数（dependent variable）
予測対象の回帰モデルにおける変数。内生変数とも言う。

説明変数（explanatory variable）
予測に使われる、すなわち、従属変数を説明する変数。独立変数または外生変数とも言う。

単回帰（simple regression）
従属変数が1つ、説明変数が1つしかない回帰。

重回帰（multiple regression）
説明変数が複数だが従属変数は1つの回帰。

線形回帰（linear regression）
線形モデルに基づいた回帰。

線形最小二乗（ordinary least squares）
残差の平方誤差を最小化することによってパラメータを推定する線形回帰。

擬似相関（spurious relationship、見かけ上の相関とも）
2つの変数に関係する、モデルには含まれていない統計的な人工的要素、潜在因子によって引き起こされる2変数間の関係。

## 11.11 用語集

**制御変数（control variable）**
擬似相関を「制御」、すなわち排除するような、回帰に含まれる変数。

**代理変数（proxy variable）**
他の因子との関係で、回帰モデルに情報貢献する変数。その因子の代理として働く。

**カテゴリ変数（categorical variable）**
順序のない離散集合の値のいずれかを値として取る変数。

**ジョイン（join）**
2つのDataFrameから、キー値を使って2つのそれぞれの整合する行を結合する演算。

**データマイニング（data mining）**
多数のモデルを検定することにより、変数間の関係を見つけるアプローチ。

**ロジスティック回帰（logistic regression）**
従属変数が論理型のときに使われる回帰の一形式。

**ポワソン回帰（Poisson regressio）**
通常、従属変数が非負整数のカウントであるときに使われる回帰の一形式。

**オッズ（odds）**
確率 $p$ を、確率とその補数との比 $p/(1-p)$ で表す、別の方式。

# 12章
# 時系列分析[†]

　**時系列** (time series) とは、時間とともに変化するシステムの一連の測定値です。有名な例は、地球全体の平均温度を時間経緯で示す「ホッケースティック曲線」 (http://en.wikipedia.org/wiki/Hockey_stick_graph 参照)[‡]です。

　本章で扱う例は、米国で大麻の闇市場について研究している政治学研究者のジョーンズ (Zachary M. Jones) 氏のものです (http://zmjones.com/marijuana)。彼は、「草の値段 (Price of Weed)」と呼ばれる、ウェブサイト (http://www.priceofweed.com/) で、参加者に大麻の取引の値段、量、質、場所を報告するよう要請するというクラウドソーシングの手法で、データを収集しています。彼のプロジェクトの目標は、大麻合法化のような政策決定が、市場に及ぼす影響を調べることです。私にはこのプロジェクトが、麻薬政策のような重要な政策課題についてデータを使って取り組んでいる例として、魅力的だと思えます。

　読者の皆さんにとってもこの章が興味深いと思いますが、この機会に再度、データ分析に対する専門家としての態度を保持することの重要性を述べておきます。どの薬品をいつ非合法にすべきかは、重要で困難な公共政策課題です。私たちの決定は、正直に報告された正確なデータに基づかなければなりません。

## 12.1　インポートとクリーニング

　ジョーンズ氏のサイトからダウンロードしたデータは、本書のリポジトリにありま

---

[†] 本章のコードは、`timeseries.py`にある。コードのダウンロードや扱い方については、viiiページの「コードを使う」を参照してほしい。
[‡] 訳注：日本語Wikipediaの項目としては、「ホッケースティック論争」がある。ネット上では、さまざまな関連事象の記事が見られる。

す。次のコードで、pandas の DataFrame に読み込みます。

```
transactions = pandas.read_csv('mj-clean.csv', parse_dates=[5])
```

parse_dates は、read_csv に第 5 カラムの値を日付と解釈して、NumPy の datetime64 オブジェクトに変換するよう指示します。

DataFrame には、報告された取引ごとに、次のカラムを持つ行があります。

| | |
|---|---|
| city | 市の名前の文字列 |
| state | 州の略語 2 文字 |
| price | ドル建ての価格 |
| amount | 購入量（g） |
| quality | 購入者の報告による品質の高中低 |
| date | 報告日付、購入より間がないものと想定 |
| ppg | グラム当たり価格（ドル） |
| state.name | 州名の文字列 |
| lat | 市の名前に基づく取引場所のおよその緯度 |
| lon | 取引場所のおよその経度 |

取引は時間ごとのイベントですから、このデータセットを時系列として扱うことができます。しかし、これらのイベントは、時間的に等間隔ではなく、一日に報告される取引数は、0 から数百まで変動します。時系列の解析に使われる多くの手法は、測定が等間隔であることを、あるいは、ものごとが単純な状態であることを要求します。

これらの手法を使うために、データセットを報告された品質でグループ分けして、その日のグラムごと平均価格を計算して、等間隔の列に変換します。

```
def GroupByQualityAndDay(transactions):
    groups = transactions.groupby('quality')
    dailies = {}
    for name, group in groups:
        dailies[name] = GroupByDay(group)

    return dailies
```

groupby は、GroupBy オブジェクトの groups を返す DataFrame のオブジェクトです。groups は、for ループで使われて、その中の名前とそれを表す DataFrame とを繰り返し取り出します。quality の値は、low, medium, high なので、その名前の 3 グループが得られます。

これらのグループについて GroupByDay を繰り返します。これは、その日の平均価格を計算して、新たな DataFrame を返します。

```
def GroupByDay(transactions, func=np.mean):
    grouped = transactions[['date', 'ppg']].groupby('date')
    daily = grouped.aggregate(func)

    daily['date'] = daily.index
    start = daily.date[0]
    one_year = np.timedelta64(1, 'Y')
    daily['years'] = (daily.date - start) / one_year

    return daily
```

パラメータ transactions は、date と ppg とをカラムに持つ DataFrame です。この2つのカラムを選んで、date でグループ分けします。

結果の grouped は、日付からその日に報告された価格を含む DataFrame への対応付けです。aggregate は、grouped の各要素に、グループの各カラムに引数の関数を繰り返し適用する GroupBy メソッドです。この場合には、ppg というカラムしかありません。したがって、aggregate の結果は、各日付ごとに、1つのカラム ppg を持つ1つの行がある DataFrame です。

この DataFrame の日付は、NumPy の datetime64 オブジェクトとして格納されるので、ナノ秒単位の 64 ビット整数で表されています。これから使う解析ツールによっては、年のような人間がもっと扱いやすい時間形式のほうが良いでしょう。そこで、GroupByDay は、index をコピーした date という名前のカラムを追加し、さらに、最初の取引からの年数を浮動小数点数で含む years というカラムを追加します。

結果の DataFrame には、ppg, date, years というカラムがあります。

## 12.2 プロット

GroupByQualityAndDay の結果は、品質ごとに1日の価格の DataFrame への対応付けです。3つの時系列をプロットするのに用いたコードは次のようになります。

```
thinkplot.PrePlot(rows=3)
for i, (name, daily) in enumerate(dailies.items()):
    thinkplot.SubPlot(i+1)
```

```
        title ='price per gram ($)' if i==0 else ''
        thinkplot.Config(ylim=[0, 20], title=title)
        thinkplot.Scatter(daily.index, daily.ppg, s=10, label=name)
        if i == 2:
            pyplot.xticks(rotation=30)
        else:
            thinkplot.Config(xticks=[])
```

　rows=3 の PrePlot とは、3 つの行に分けて 3 つのプロットを部分として含めようということを意味します。DataFrame をループで反復し、それぞれに散布図を作成します。時系列は点を線で結ぶ表示が一般的ですが、この場合には、データ点が多くて価格の変動が激しいので、線分を追加してもあまり役立ちません。

　$x$ 軸のラベルが日付なので、pyplot.xticks を使って、それぞれのラベル（「ティック」）[†]を 30 度傾けて読みやすくしました。

　図 12-1 に結果を示します。このプロットの明らかな特徴の 1 つは、2013 年 11 月周辺の空隙です。データ収集がこの時期になされていなかった可能性もありますし、データが得られなかった可能性もあります。この欠損データを処理する方法については後で検討します。

　図 12-1 から、この時期高品質大麻の価格は下がっているように見え、中品質の価格は上がっているようです。低品質の価格も上がっているようですが、変動が大きくてよくわかりません。品質データは、ボランティアが報告したものです。そのために、時間的な傾向は、これらのラベルを申請した参加者がどのように変化したかを反映しているのかもしれません。

---

[†] 訳注：tick とは、一般的に軸の目盛の数値や値などを示す言葉である。

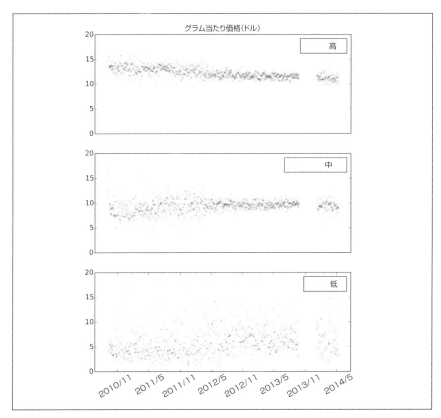

図12-1 高・中・低品質の大麻の1日のグラム当たり価格の時系列

## 12.3 線形回帰

　時系列分析特有の手法もありますが、多くの問題で、単純なやり方は、線形回帰のような汎用のツールを適用することです。次の関数は、日次の価格のDataFrameを引数に取り、最小二乗適合を計算して、StatsModelsからの結果オブジェクトとモデルを返します。

```
def RunLinearModel(daily):
    model = smf.ols('ppg ~ years', data=daily)
    results = model.fit()
    return model, results
```

品質ごとにモデルをそれぞれ適合させることができます。

```
for name, daily in dailies.items():
    model, results = RunLinearModel(daily)
    print(name)
    regression.SummarizeResults(results)
```

結果を次に示します。

| 品質 | 切片 | 傾き | $R^2$ |
|---|---|---|---|
| 高 | 13.450 | −0.708 | 0.444 |
| 中 | 8.879 | 0.283 | 0.050 |
| 低 | 5.362 | 0.568 | 0.030 |

推定した傾きは、高品質大麻の価格が観察された期間で、年ごとに 71 セント低下、中品質は年ごとに 28 セント増加、低品質は年ごとに 57 セント増加することを示しています。この推定はすべて、非常に小さい $p$ 値で統計的に有意です。

高品質大麻の $R^2$ 値は、0.44 で、これは、価格の観察された変動の 44% を説明変数としての時間が説明することを意味します。他の品質については、価格の変化はずっと小さくて、$R^2$ 価格変動性がより高いので、$R^2$ の値はより小さい（それでも統計的には有意）です。

次のコードは、観察された価格と適合値をプロットします。

```
def PlotFittedValues(model, results, label=''):
    years = model.exog[:,1]
    values = model.endog
    thinkplot.Scatter(years, values, s=15, label=label)
    thinkplot.Plot(years, results.fittedvalues, label='model')
```

「11.8　実装」で説明したように、model が exog と endog、外生（説明）変数と内生（依存）変数の NumPy 配列を含みます。

PlotFittedValues は、データ点の散布図と適合値の直線を表示します。図 12-2 は、高品質大麻での結果を示します。

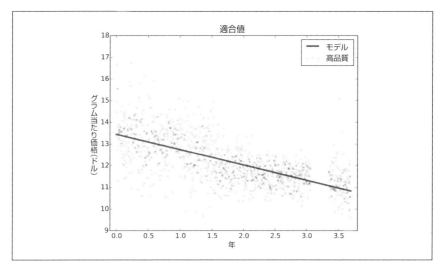

図12-2 高品質大麻の1日のグラム当たり価格の時系列と線形最小二乗適合

このモデルは、データに適した線形適合に見えますが、線形回帰はこのデータに対して最適なものではありません。

- 第一に、長期傾向が直線やその他単純な関数であると期待できる理由がない。一般的に、価格は需要と供給とによって決定されるが、両者とも予測不可能な変動を示す。

- 第二に、線形回帰モデルは、最近のものも過去のものも、すべてのデータを同じ重みで扱う。予測目的には、おそらく、最近のデータにより多くの重みを付加するべきだろう。

- 最後に、線形回帰の前提となる仮定の1つが、残差がノイズに無関係なことである。時系列データを見ると、引き続く値に相関があるので、この仮定がしばしば成り立っていないようである。

次節では、時系列データにもっと適切な別の方法を示します。

## 12.4 移動平均

ほとんどの時系列解析は、観察された時系列が次の3成分によってモデル化されたものという仮定に基づいています。

**傾向**
　永続的な変化を捕捉した滑らかな関数。

**季節変動**
　周期的な変動で、日ごと、週ごと、月ごと、年ごとのサイクルを含む。

**ノイズ**
　長期傾向に対するランダムな変動。

　回帰は、前節で見たように時系列から傾向を抽出する1つの方法です。しかし、傾向が単純な関数でなかったら、その代わりとして適切なのは**移動平均**（moving average）です。移動平均は、時系列をウィンドウと呼ぶ互いに重なる領域に分割して、各ウィンドウでの値の平均を計算します。

　最も単純な移動平均の1つが、**ローリング平均**（rolling mean）で、各ウィンドウで値の平均を計算します。例えば、ウィンドウのサイズが3なら、ローリング平均は、0番から2番、1番から3番、2番から4番というようなデータ部分列の平均を計算していきます。

　pandas には rolling_mean があり、時系列 Series とウィンドウサイズを引数にとって、新たな Series を返します。

```
>>> series = np.arange(10)
array([0, 1, 2, 3, 4, 5, 6, 7, 8, 9])

>>> pandas.rolling_mean(series, 3)
array([ nan, nan, 1, 2, 3, 4, 5, 6, 7, 8])
```

この最初の2つの値はnan[†]で、その次が最初の3要素、0, 1, 2の平均です。次の値は、1, 2, 3の平均、というように続きます。

---

[†] 訳注：IEEE 754 浮動小数点標準で定められている NaN、非数に相当する。3つの要素がないので、そもそも計算できないという状況に対応した値。

大麻のデータに rolling_mean を適用する前に、欠損値を処理する必要があります。観察期間内に品質カテゴリの取引報告のない日がいくつかあり、2013 年にはデータ収集されていない期間があります。

これまで使ってきた DataFrame では、これらの日付は欠けていました。インデックス（指数）は、データのない日を飛ばしていました。これから行う解析のためには、この欠損データを明示する必要があります。そのために DataFrame に「再インデックス付け」をすることができます。

```
dates = pandas.date_range(daily.index.min(), daily.index.max())
reindexed = daily.reindex(dates)
```

1 行目は、観察期間の開始日から終了日までのすべての日を含む日付範囲を計算します。2 行目は、daily からのすべてのデータを含む新しい DataFrame を作成しますが、すべての日付について nan を格納した行を含みます。

ここで、次のようにローリング平均をプロットできます。

```
roll_mean = pandas.rolling_mean(reindexed.ppg, 30)
thinkplot.Plot(roll_mean.index, roll_mean)
```

ウィンドウサイズは 30 ですから、roll_mean の各値は、reindexed.ppg からの 30 個の値の平均になります。

図 12-3 の左側がこの結果を示します。ローリング平均は、ノイズを取り除いて傾向を引き出すという点でよく機能しているように見えます。最初の 29 個の値は nan であり、どこであれ欠損値があるとそこから 29 日 nan が続きます。この間隙を埋める方法もありますが、少し面倒です。

代わりに、**指数加重移動平均**（exponentially-weighted moving average、EWMA）を使いますが、これには次の 2 つの利点があります。第一に、名前からわかるように、最も最近の値が最高の重みを持ち、その前の重みが指数的に低下する加重平均を計算します。第二に、pandas の EWMA の実装では欠損値をより上手に扱うのです。

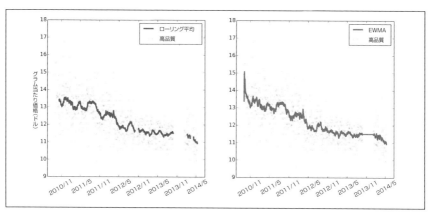

図12-3　1日ごとの価格とローリング平均（左）と指数加重移動平均（右）

```
ewma = pandas.ewma(reindexed.ppg, span=30)
thinkplot.Plot(ewma.index, ewma)
```

スパン（span）パラメータは、大まかには、ウィンドウサイズに相当します。これは重みの低下速度を制御するので、各平均について、無視できない点の個数を決定します。

図12-3の右側は同じデータに対するEWMAを示します。両方ともに定義済みのところでは、ローリング平均と同じようですが、欠損値がありません。したがって、処理しやすくなります。時系列の始まるところでは、データ点の個数がより少ないのでノイズが多くなります。

## 12.5　欠損値

時系列の傾向が得られたので、次のステップは季節要因、すなわち周期的振る舞いの検討です。人間の振る舞いに基づく時系列データは、日次、週次、月次、年次の周期を示すことがよくあります。次節では、季節変動を検定する手法を示しますが、これは、欠損値があるとうまく動かないので、欠損値問題をまず解決しなければいけません。

単純でよく使うのは、移動平均を使って欠損値を埋めるものです。

オブジェクトSeriesのメソッドfillnaがまさに望んでいることをやってくれます。

```
reindexed.ppg.fillna(ewma, inplace=True)
```

reindexed.ppgがnanだと、fillnaはewmaからの対応する値で置き換えます。フラグinplaceは、fillnaに新たなSeriesを作らず既存のSeriesを変更するように指示します。

このメソッドの欠点は、時系列のノイズを少なく示すことです。この問題は、リサンプリングした残差を追加することで解決できます。

```
resid = (reindexed.ppg - ewma).dropna()
fake_data = ewma + thinkstats2.Resample(resid, len(reindexed))
reindexed.ppg.fillna(fake_data, inplace=True)
```

residは、ppgがnanのときの日付を含めない残差値を含めます。fake_dataは、移動平均の和と残差のランダムサンプルを含めます。最後に、fillnaがfake_dataのデータでnanを置き換えます。

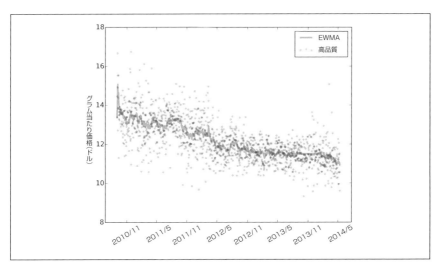

図12-4　充填データによる日毎の価格

図12-4に結果を示します。充填したデータは、実際の値に見かけ上変わらないものです。残差をランダムに再サンプルしたので、結果はそのたびに変わります。後で、欠損値によって作られた誤差をどのように特徴付けるかを見ていきます。

## 12.6 系列相関

価格は1日ごとに変わるので、何かパターンがあるのではないかと期待されます。月曜に価格が高ければ、その後数日間は高いと期待できます。もし価格が低ければ、しばらく低いだろうと期待します。このようなパターンは、値のそれぞれが系列の次の値と相関するので、**系列相関**（serial correlation）と呼ばれます。

系列相関を計算するには、時系列を**ラグ**（lag）と呼ぶ間隔だけ横にずらして、元のものとの相関を計算します。

```
def SerialCorr(series, lag=1):
    xs = series[lag:]
    ys = series.shift(lag)[lag:]
    corr = thinkstats2.Corr(xs, ys)
    return cor r
```

ずらした後の最初の lag 値は nan なので、Corr の計算の前にスライスしてそれを取り除いています[†]。

lag=1 で元の価格データに対して SerialCorr を適用すると、高品質カテゴリでは系列相関が 0.48、中品質で 0.16、低品質で 0.10 になります。時系列の長期傾向では、系列相関が強く観察されるものと期待できます。例えば、価格が低下傾向だと、時系列の前半は値が平均より上で、後半では平均より下だと期待できます。

傾向を引き去っても、相関が残るかどうかはさらに興味深いところです。例えば、EWMA の残差を計算してから、その系列相関を計算できます。

```
ewma = pandas.ewma(reindexed.ppg, span=30)
resid = reindexed.ppg - ewm
acorr = SerialCorr(resid, 1)
```

lag=1 だと、傾向を引き去ったデータの系列相関が、高品質で −0.022、中品質で −0.015、低品質で 0.036 になります。これらの値は小さくて、この時系列データでは、1日の系列相関はほとんどないことを示します。

週、月、年ごとの季節変動をチェックするために、異なるラグで再度分析しました。結果は次のようになります。

---

[†] 訳注：Python をよく知っている人には当たり前だろうが、[log:] で最初の値を除いた残りの値を指定している。このような操作を slice という。

| ラグ | 高品質 | 中品質 | 低品質 |
|---|---|---|---|
| 1 | −0.029 | −0.014 | 0.034 |
| 7 | 0.02 | −0.042 | −0.009 |
| 30 | 0.014 | −0.0064 | −0.013 |
| 365 | 0.045 | 0.015 | 0.033 |

次節では、これらの相関が統計的に有意かどうか（実は、それらは有意でありません）検定しますが、この時点では、この時系列には、少なくともこれらのラグについて、季節的変動パターンがないと、とりあえず結論を出しておきます。

## 12.7　自己相関

時系列に系列相関がありそうなものの、どのラグで検定すればよいかわからないときには、全部試すことができます。**自己相関関数**(autocorrelation function)は、ラグを、与えられたラグの系列相関に対応させる関数です。「自己相関」は、ラグが1でないときによく使われる、系列相関の別名です。

「**11.1　StatsModels**」の線形回帰で用いた StatsModels も、自己相関関数を計算する acf を含めて、系列相関の関数を提供します。

```
import statsmodels.tsa.stattools as smtsa
acf = smtsa.acf(filled.resid, nlags=365, unbiased=True)
```

acf は、ラグが0から nlags までの値の系列相関を計算します。フラグ unbiased は、acf に標本のサイズに応じて推定値を修正するかどうか指示します。計算結果は、相関配列です。高品質の日次の価格を選び、ラグを 1, 7, 30, 365 で、相関を抽出すると、acf と StatsModels もほぼ近似的に同じ値になることを確かめられます。

```
>>> acf[0], acf[1], acf[7], acf[30], acf[365]
1.000, -0.029, 0.020, 0.014, 0.044
```

lag=0 では、時系列そのものとの相関を計算するので、常に結果は1となります。

**図 12-5** の左側は、nlags=40 で、3つの品質カテゴリの自己相関関数を示します。灰色で示した範囲は、自己相関がない場合に期待される正規変動の範囲を示します。その範囲外は、$p$ 値が5%より少ないと統計的に有意となります。偽陽性率が5%で120の相関を計算（3つの時系列に40のラグ）しているので、この範囲から6つの

点が逸脱すると期待できます。実際には 7 つです。偶然では説明できない自己相関は
この時系列にはないと結論できます。

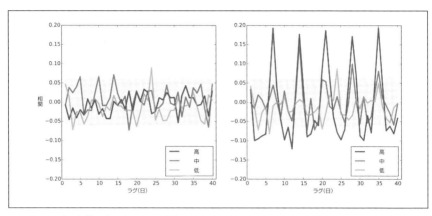

図 12-5　日次の価格の自己相関関数（左）とシミュレーションした日次価格の週ごとの季節変動（右）

灰色の範囲における残差をリサンプリングして計算しました。私のコードは
timeseries.py で確認できます。関数は SimulateAutocorrelatio です。

季節変動要因があるときに自己相関関数がどのようになるかを確認するために、週
ごとのサイクルを追加してシミュレーションデータを生成しました。大麻の需要が週
末に高まると仮定すると、価格も高まると期待できます。この効果をシミュレーショ
ンするために、金曜と土曜に当たる日を選んで、0 ドルから 2 ドルまでの一様分布か
らランダムに値を選んで価格に足し込みました。

```
def Add WeeklySeasonality(daily):
    frisat = (daily.index.dayofweek==4) | (daily.index.dayofweek==5)
    fake = daily.copy()
    fake.ppg[frisat] += np.random.uniform(0, 2, frisat.sum())
    return fake
```

frisat は、論理値の Series で、金曜か土曜だと True になります。fake は、最
初は daily をコピーした新たな DataFrame で、乱数値を ppg に足しています。
frisat.sum() は、金曜と土曜の全日数で、生成しなければならない乱数値の個数です。

図 12-5 の右側が、周期変動をシミュレーションした価格の自己相関関数です。予
期したとおり、相関はラグが 7 の倍数で最高になります。高品質と中品質では、新た

な相関は統計的に有意です。低品質では、このカテゴリの残差が大きいために、そうではありません。ノイズに紛れることなく明確になるには、効果がもっと大きい必要があります。

## 12.8 予測

時系列分析は、時間とともに変動するシステムの振る舞いを調べるため、時には説明するために使われます。また予測にも使えます。

「12.3 線形回帰」で扱った線形回帰は、予測に使われます。クラス RegressionResults には、説明変数を含む DataFrame を引数にとって、予測系列を返す predict があります。コードは次のようになります。

```
def GenerateSimplePrediction(results, years):
    n = len(years)
    inter = np.ones(n)
    d = dict(Intercept=inter, years=years)
    predict_df = pandas.DataFrame(d)
    predict = results.predict(predict_df)
    return predict
```

results は RegressionResults オブジェクトで、years は予測したい時間値の列です。この関数は、DataFrame を構成して、predict に渡し、結果を返します。

単独の最良の予測だけが望みなら、これで終わりです。しかし、ほとんどの目的には、誤差を定量化することが重要です。言い換えると、予測がどれだけ正確かを知りたいのです。

考慮すべき3種類の誤差の原因があります。

**標本誤差**
予測は、標本のランダムな変動に依存する推定パラメータに基づく。再度実験すれば、推定値は変わるものと期待される。

**ランダムな変動**
推定パラメータが完全であったとしても、観察データは長期傾向の周辺でランダムに変動し、将来もこの変動が続くと期待される。

**モデル化誤差**
　長期傾向が線形ではないという確証をすでに得ているので、線形モデルに基づいた予測は、最終的には成功しない。

　他に考慮すべき誤差の源は、予期せぬ将来の出来事です。農産物価格は天候に影響され、すべての価格が、政治と法律に影響を受けます。私がこれを執筆している時点で、大麻は2つの州で合法であり、医療用途には20以上の州で合法です。より多くの州が合法化すれば、価格は低下するでしょう。しかし、連邦政府が反対すれば、価格は上がるかもしれません。

　モデル化誤差と予期せぬ将来の出来事とは、定量化が困難です。標本誤差とランダム変動は扱いやすいので、そちらを最初に片付けましょう。

　標本誤差の定量化には、「10.4　推定」の場合と同様にリサンプリングをします。いつものように、目標は、実際の観察を使って、もしも実験を再度行うとしたら何が起こるかをシミュレーションすることです。シミュレーションは、推定パラメータは正しいが、ランダムな残差は異なる可能性があることに基づいています。シミュレーションを行う関数は次のようになります。

```
def SimulateResults(daily, iters=101):
    model, results = RunLinearModel(daily)
    fake = daily.copy()

    result_seq = []
    for i in range(iters):
        fake.ppg = results.fittedvalues + Resample(results.resid)
        _, fake_results = RunLinearModel(fake)
        result_seq.append(fake_results)

    return result_seq
```

　`daily`は観察した価格を含むDataFrame、`iters`はシミュレーションを実行する回数です。

　`SimulateResults`は、「12.3　線形回帰」の`RunLinearModel`を使い、観察した値の傾きと切片を推定します。

　ループを回るごとに、残差をリサンプリングして、それらを適合値に足し込むことによって、「偽物」のデータセットを生成します。それから、この偽データで線形モ

デルを実行して、オブジェクト RegressionResults を格納します。

次のステップは、シミュレーションした結果を用いて、予測を生成することです。

```
def GeneratePredictions(result_seq, years, add_resid=False):
    n = len(years)
    d = dict(Intercept=np.ones(n), years=years, years2=years**2)
    predict_df = pandas.DataFrame(d)

    predict_seq = []
    for fake_results in result_seq:
        predict = fake_results.predict(predict_df)
        if add_resid:
            predict += thinkstats2.Resample(fake_results.resid, n)
        predict_seq.append(predict)

    return predict_seq
```

GeneratePredictions は、前のステップでの結果の列、years、および add_resid を取ります。years は、予測を生成する期間を指定する浮動小数点数の列で、add_resid は、リサンプリングした残差を直線予測に足し込むかどうかを示します。

最後に、予測の 90％信頼区間をプロットするコードが次のようになります。

```
def PlotPredictions(daily, years, iters=101, percent=90):
    result_seq = SimulateResults(daily, iters=iters)
    p = (100 - percent) / 2
    percents = p, 100-p

    predict_seq = GeneratePredictions(result_seq, years, True)
    low, high = thinkstats2.PercentileRows(predict_seq, percents)
    thinkplot.FillBetween(years, low, high, alpha=0.3, color='gray')

    predict_seq = GeneratePredictions(result_seq, years, False)
    low, high = thinkstats2.PercentileRows(predict_seq, percents)
    thinkplot.FillBetween(years, low, high, alpha=0.5, color='gray')
```

PlotPredictions は GeneratePredictions を二度呼び出します。1度目は、add_resid=True で、2度目は add_resid=False です。また、PercentileRows を使って、各年の5番目と95番目のパーセンタイルを選び、これらの間の灰色の領域をプロットします。

図 12-6 に結果を示します。濃い灰色の領域が、標本誤差の 90％信頼区間を表し

ます。すなわち、標本で推定した傾きと切片の不確実性です。

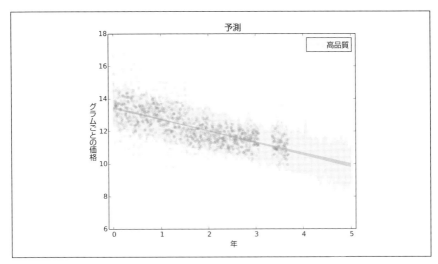

図12-6　標本誤差と予測誤差による変動を示した、線形適合に基づいた予測。

　明るい灰色の領域は、標本誤差とランダム変動の和である予測誤差の90％信頼区間です。

　これらの領域は、標本誤差とランダム変動を定量化していますが、モデル化誤差は扱っていません。一般に、モデル化誤差は定量化が難しいのですが、この場合には、少なくとも1つの誤差の源である予期せぬ外部の出来事を扱うことができます。

　回帰モデルは、システムが**定常的**（stationary）だという仮定に基づきます。すなわち、モデルのパラメータは時間が経っても変化しないということです。具体的には、残差の分布とともに、傾きと切片が定数だということです。

　しかし、**図12-3**の移動平均を見れば、観察期間において、傾きは一度は変化しており、残差の変動は、前半のほうが後半よりも大きいようです。

　結果として、得られたパラメータは、観察期間に依存しています。これが予測にどの程度の影響があるかを見るために、SimulateResults を拡張して、異なる開始日終了日の観察期間を使うことができます。私の実装は timeseries.py にあります。

　**図12-7** は、中品質に対する結果を示します。最も明るい灰色の領域は、標本誤差、ランダム変動、観察期間による変動とによる不確実性を含む信頼区間を示します。

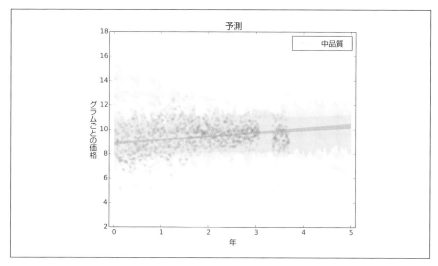

図 12-7　観察期間による変動を示した、線形適合に基づいた予測。

期間全体に基づいたモデルは正の傾きで、価格が上昇していることを示しています。しかし、最近の期間では、価格低下の兆候が示されており、最新データに基づいたモデルは、負の傾きを示しています。結果として、最も広い予測期間では、次年度に向けて価格低下の可能性を含んでいます。

## 12.9　自習用参考文献

時系列分析は、重大な奥の深いテーマです。本章は代表的な話題を浅く扱っただけです。時系列データで作業するための重要なツールとしては、ここで扱ったデータ例には役立たないことがわかったので取り上げなかった、**自己回帰**（autoregression）があります。

本章での内容を学んだならば、自己回帰について学ぶ準備ができたことになります。Philipp Janert の本、Data Analysis with Open Source Tools, O'Reilly Media, 2011 を推薦します。時系列分析の章は、本章の続きとして読むことができます。

## 12.10 演習問題†

**演習問題 12-1**

本章で用いた線形モデルには、それが線形であるという欠点があり、価格が時間とともに線形に変化すると期待できる理由は何もない。このモデルに対して「11.3 非線形関係」で行ったように 2 次項を追加して柔軟性を高めることができる。

日次の価格の時系列に適合する 2 次モデルを用い、そのモデルを用いて予測を生成しなさい。その 2 次モデルを実行できる `RunLinearModel` を書かなければならないが、その後は、`timeseries.py` のコードを再利用することで予測を生成できるはずだ。

**演習問題 12-2**

「9.2 HypothesisTest」の `HypothesisTest` を拡張した `SerialCorrelationTest` という名前のクラスを定義しなさい。これは、データとして時系列とラグを取り、与えられたラグの系列相関を計算して、観察された相関の $p$ 値を計算する。

このクラスを用いて、元の価格データの系列相関が統計的に有意かどうかを検定しなさい。線形モデルの残差と（**演習問題 12-1** を解いているなら）2 次モデルの残差も検定しなさい。

**演習問題 12-3**

予測生成のために EWMA モデルを拡張するにはいくつかの方式がある。最も単純なものは次のようなものである。

1. 時系列の EWMA を計算し、最後の点を切片 `inter` として用いる。

2. 時系列において引き続く要素間の差の EWMA を計算し、最後の点を傾き `slope` として用いる。

3. 将来のある時点における値を予測するために、`nter + slope * dt` を計算する。ここで、`dt` は、予測する時期と最後の観察時期との差。

この手法を用いて最後の観察から 1 年後の予測を生成しなさい。次のようなヒントがある。

---

† この問題の解答は `chap12soln.py` にある。

- `timeseries.FillMissing` を用いて、分析を行う前に欠損値を補う。そうすれば、引き続く要素間の時間が一貫したものになる。
- `Series.diff` を使って、引き続く要素間の差を計算する。
- DataFrame のインデックスを未来に拡張するには、`reindex` を使うこと。
- 予測値を DataFrame に格納するには、`fillna` を使うこと。

## 12.11 用語集

**時系列（time series）**
各値にタイムスタンプのあるデータセット。一連の計測に収集した時刻が記されたものが多い。

**ウィンドウ（window）**
移動平均を計算するのによく使われる、時系列での引き続く値の列。

**移動平均（moving average）**
互いに重なるウィンドウの列の（ある種の）平均を計算することによる、時系列に内在する傾向を推定するための統計量の1つ。

**ローリング平均（rolling mean）**
各ウィンドウの平均値に基づいた移動平均。

**指数加重移動平均（exponentially-weighted moving average、EWMA）**
最も最近の値に最高の重みを与え、より古い値には指数減少加重を行う加重平均に基づいた移動平均。

**スパン（span）**
重みがどれだけ速く減少するかを決定する EWMA のパラメータ。

**系列相関（serial correlation）**
時系列とそのずらした、または、遅らせたものとの相関。

**ラグ、遅れ（lag）**
系統相関や自己相関におけるずらし幅。

**自己相関（autocorrelation）**
　任意のラグによる系統相関の一般的な用語。

**自己相関関数（autocorrelation function）**
　ラグを系統相関に対応させる関数。

**定常的（stationary）**
　パラメータと残差の分布が時間によって変化しなければ、モデルは定常的である。

# 13章
# 生存分析[†]

生存分析（Survival analysis）は、ものごとがどれだけ続くかを記述する方法です。人間の生存期間の研究によく使われますが、機械部品や電子部品の「生存」、あるいはもっと一般的に出来事が起こるまでの時間の期間に適用されます。

知り合いが「生死に関わる」病気に罹ったことがあるなら、診断後5年間の生存率である「5年生存率」を知っているでしょう。この推定や関連した統計量は、生存分析の結果です。

## 13.1 生存曲線

生存分析の基本概念は、**生存曲線**（survival curve）、$S(t)$ です[‡]。これは、期間 $t$ に $t$ より長く生存する確率を対応させる関数です。期間あるいは「生存時間」の分布がわかっているなら、生存曲線を見出すのは容易でしょう。CDF の補数になります。

$$S(t) = 1 - \mathrm{CDF}(t)$$

ここで、$\mathrm{CDF}(t)$ は、生存時間が $t$ 以下の確率を示します。

例えば、NSFG データセットには、11,189 の妊娠期間データがあります。このデータを読み込んで CDF を計算できます。

```
preg = nsfg.ReadFemPreg()
complete = preg.query('outcome in [1, 3, 4]').prglngth
cdf = thinkstats2.Cdf(complete, label='cdf')
```

---

[†] 本章のコードは、survival.py にある。コードのダウンロードや扱い方については、viii ページの「コードを使う」を参照してほしい。

[‡] 訳注：本書では、生存曲線と生存関数（survival function）を同義で使う。

結果のコードの1, 3, 4は、それぞれ出産、死産、流産を示します。この分析では、人工流産、子宮外妊娠、および、回答者がインタビューを受けたときに妊娠中だった場合を除きます。

DataFrameのqueryメソッドは、論理式を取り、各行について評価して、Trueになる行を選びます。

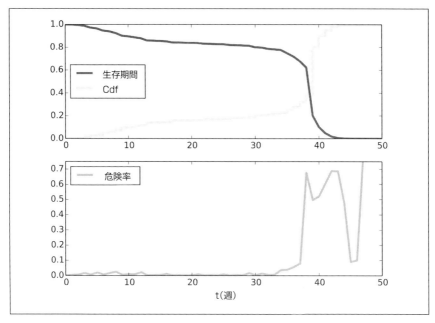

**図13-1** Cdfと妊娠期間の生存関数（上）とハザード関数（下）

図13-1の上側は、妊娠期間のCDFとその補数である生存関数を示します。生存関数を表すために、Cdfをラップしてインターフェイスを適合させるオブジェクトを定義します。

SurvivalFunctionは2つのプロパティ、tsとssを提供します。tsは生存時間の列で、ssは生存関数です。Pythonでは、「プロパティ」は、あたかも変数のように呼び出されるメソッドです。

```
class SurvivalFunction(object):
    def __init__(self, cdf, label=''):
```

```
        self.cdf = cdf
        self.label = label or cdf.label

    @property
    def ts(self):
        return self.cdf.xs

    @property
    def ss(self):
        return 1 - self.cdf.ps
```

生存期間のCDFを渡すことでSurvivalFunctionをインスタンス化できます。

```
sf = SurvivalFunction(cdf)
```

SurvivalFunctionは、生存関数を評価する__getitem__とProbも提供します。

```
# class SurvivalFunction

    def __getitem__(self, t):
        return self.Prob(t)


    def Prob(self, t):
        return 1 - self.cdf.Prob(t)
```

例えば、sf[13]は、最初の三半期を過ぎた妊娠の割合です。

```
>>> sf[13]
0.86022
>>> cdf[13]
0.13978
```

妊娠の約86%は三半期を過ぎますが、14%はそうなりません。

SurvivalFunctionにはRenderがあるので、thinkplotの関数を使ってsfをプロットできます。

```
thinkplot.Plot(sf)
```

**図13-1**の上側がその結果を示しています。13週から26週までは曲線はほぼ平坦で、第2三半期で終わる妊娠はほとんどないことを示しています。曲線は39週辺りで最

も急峻になりますが、それが最も普通の妊娠期間です。

## 13.2 ハザード関数

生存関数から**ハザード関数**（hazard function）[†]が導かれます。妊娠期間については、ハザード関数が時間 $t$ に対して、$t$ まで妊娠が続いたが $t$ で終わってしまった割合を対応させます。詳しくは次の数式で表されます。

$$\lambda(t) = \frac{S(t) - S(t+1)}{S(t)}$$

分子が $t$ で終わった生存期間の割合で、PMF($t$) でもあります。
`SurvivalFunction` には、ハザード関数を計算する `MakeHazard` があります。

```
# class SurvivalFunction

    def MakeHazard(self, label=''):
        ss = self.ss
        lams = {}
        for i, t in enumerate(self.ts[:-1]):
            hazard = (ss[i] - ss[i+1]) / ss[i]
            lams[t] = hazard

        return HazardFunction(lams, label=label)
```

`HazardFunction` は、pandas の Series のラッパーです。

```
class HazardFunction(object):

    def __init__(self, d, label= ''):
        self.series = pandas.Series(d)
        self.label = label
```

d はディクショナリなど、他の Series を含めて Series を初期化できる型であればよいのです。label はプロットするときの名前に使われる文字列です。
`HazardFunction` には `__getitem__` があるので、次のように評価できます。

---

[†] 訳注：「危険率関数」と訳すこともある。

```
>>> hf = sf.MakeHazard()
>>> hf[39]
0.49689
```

したがって、39週まで進んだ妊娠のうち、ほぼ50％はその週内で終わります。

図 **13-1** の下側は、妊娠期間のハザード関数を示します。42週を超えると、ハザード関数は、わずかな事例に基づいているために、不安定になります。その他では、曲線の形は期待どおりです。39週付近で最も高く、前半の方が後半よりも若干高くなります。

ハザード関数は、それ自体で有用ですが、次節以降で見るように、生存曲線の推定にも重要なツールとなります。

## 13.3 生存曲線を推論する

生存期間の CDF が渡されたなら、生存関数やハザード関数の計算は容易です。しかし、多くの実世界のシナリオでは、生存時間の分布を直接測定できません。推論しなければならないのです。

例えば、診断後どれだけ長く生きているか、患者のグループを追跡しているものとしましょう。すべての患者が同じ日に診断を受けたとは限りません。したがって、どの時点でも、他の人より長く生存している患者がいます。死んだ患者については、生存期間がわかります。まだ生きている患者については、下限は知っていますが、生存期間はまだわかりません。

すべての患者が死ぬまで待てば、生存曲線を計算できますが、新たな治療の効果を評価しているのだとすれば、そんなに長くは待てません。不完全な情報を用いて生存曲線を推定するやり方が必要です。

もっと心がなごむ例として、NSFG データを用いて、回答者が初めて結婚するまで、どれだけ長く「生存」するかを定量化しましょう。該当する年齢は14歳から44歳で、データセットから、女性たちの一生の異なるステージにおけるスナップショットを提供します。

既婚女性のデータセットは最初に結婚した日と結婚時の年齢を含みます。未婚の女性について、インタビュー時の年齢はわかっていますが、いつ結婚するか、あるいはまだ結婚しないかを知る方法はありません。

一部の女性について初婚年齢がわかっているので、他を取り除いて、既知のデータ

のCDFを計算するという誘惑に駆られるかもしれません。これはまずい考えです。結果は次のように二重の意味で誤解を招きます。

1. 年齢が上の女性が、インタビュー時に結婚している可能性が高いので、過重に反応している可能性がある。

2. 既婚女性は比率が大きくなり過ぎる。

実際、この分析では、すべての女性が結婚していることになり、それは明らかに間違いです。

## 13.4　カプラン・マイヤー推定

この例では、未婚女性の観察を含めることが望ましいどころか必要なことですが、そこで、生存分析の中心的なアルゴリズムである**カプラン・マイヤー推定**（Kaplan-Meier estimation）を学びましょう。

その概要は、データを使ってハザード関数を推定し、次にハザード関数を生存関数に変換するというものです。ハザード関数の推定のためには、各年齢について、(1) その年齢で結婚した女性の数、(2) それより以前に結婚していない女性を含めた、結婚の「リスク（可能性）がある」女性の数を考えます。

コードは次のようになります。

```
def EstimateHazardFunction(complete, ongoing, label=''):

    n = len(complete)
    hist_complete = thinkstats2.Hist(complete)
    sf_complete = SurvivalFunction(thinkstats2.Cdf(complete))

    m = len(ongoing)
    sf_ongoing = SurvivalFunction(thinkstats2.Cdf(ongoing))

    lams = {}
    for t, ended in sorted(hist_complete.Items()):
        at_risk = ended + n * sf_complete[t] + m * sf_ongoing[t]
        lams[t] = ended / at_risk

    return HazardFunction(lams, label=label)
```

complete は、完了した観察の集合です。この場合は、回答者の結婚した年齢です。ongoing は、不完全な観察の集合です。すなわち、インタビューを受けたときに未婚だった女性の年齢です。

最初に、女性が結婚したときの年齢の Hist である、hist_complete、既婚女性の生存関数である sf_complete、未婚女性の生存関数である sf_ongoing を計算しておきます。

回答者が結婚した年齢についてループ反復します。$t$ の各値について、年齢 $t$ で結婚した女性の数を示す ended があります。それから「リスクがある」女性の数を計算しますが、それは次の和となります。

- ended、年齢 t で結婚した回答者の数。
- n * sf_complete[t]、年齢 t を超えて結婚した回答者の数。
- m * sf_ongoing[t]、年齢 t を超えてインタビューに答えた未婚者の数、t 以前に結婚していないことがわかっている。

t でのハザード関数の推定値は、at_risk に対する ended の比率です。

lams は、$t$ を $\lambda(t)$ に対応付けるディクショナリです。結果は、HazardFunction オブジェクトです。

## 13.5 結婚曲線

この関数を試験するためには、データのクリーニングと変換が必要です。NSFG 変数で必要なのは、次になります。

| | |
|---|---|
| cmbirth | 回答者の生年月日、すべての回答者で既知。 |
| cmintvw | 回答者とインタビューした日、すべての回答者で既知。 |
| cmmarrhx | 回答者が最初に結婚した日、適合する場合は既知。 |
| evrmarry | インタビュー前に回答者が結婚したことがあれば 1、そうでないと 0。 |

最初の 3 変数は、「世紀月」で符号化されます。すなわち、1899 年 12 月から何ヶ月かの整数です。世紀月の 1 は、1900 年 1 月です。

最初に、回答者のファイルを読み込み、cmmarrhx の不当な値を置き換えます。

```
resp = chap01soln.ReadFemResp()
resp.cmmarrhx.replace([9997, 9998, 9999], np.nan, inplace=True)
```

それから、各回答者について、結婚した年齢とインタビューした年齢を計算します。

```
resp['agemarry'] = (resp.cmmarrhx - resp.cmbirth) / 12.0
resp['age'] = (resp.cmintvw - resp.cmbirth) / 12.0
```

次に、結婚している女性については結婚年齢の complete を抽出し、未婚の女性についてはインタビューしたときの年齢である ongoing を抽出します。

```
complete = resp[resp.evrmarry==1].agemarry
ongoing = resp[resp.evrmarry==0].age
```

最後にハザード関数を計算します。

```
hf = EstimateHazardFunction(complete, ongoing)
```

図13-2 の上側は、推定したハザード関数を示します。十代で低く、20代で高くなり、30代で下降します。40代には再び上昇しますが、これは推定過程による機械的なものです。「リスクがある」回答者数が減ることによって、結婚した女性のわずかな数が、大きな推定ハザードを引き起こすのです。生存関数は、このノイズ効果を取り除いて円滑になります。

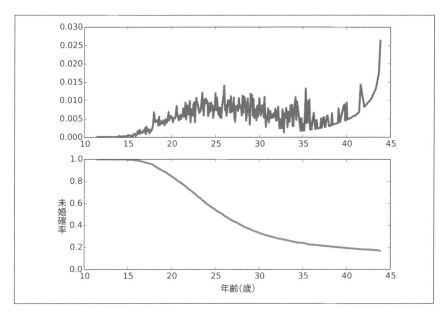

図 13-2 初婚年齢のハザード関数（上）と未婚状態の生存関数（下）

## 13.6　生存曲線を推定する

ハザード関数が得られれば、生存曲線を推定できます。時間 $t$ を過ぎて生存する機会は、$t$ に至るまでずっと生存している機会ですから、ハザード関数の補関数の積となります。

$$[1-\lambda(0)][1-\lambda(1)]...[1-\lambda(t)]$$

HazardFunction クラスは、この積を計算する MakeSurvival を提供します。

```
# class HazardFunction:

    def MakeSurvival(self):
        ts = self.series.index
        ss = (1 - self.series).cumprod()
        cdf = thinkstats2.Cdf(ts, 1-ss)
        sf = SurvivalFunction(cdf)
        return sf
```

`ts`はハザード関数が推定された時間列で、`ss`がハザード関数の補関数の累積で、生存関数になります。

`SurvivalFunction`の実装方式から、`ss`の補数を計算し、`Cdf`を作り、`SurvivalFunction`オブジェクトをインスタンス化します。

**図 13-2**の下側が結果を示します。生存曲線は、ほとんどの女性が結婚する25歳と35歳との間で最も急になります。35歳と45歳の間ではほとんど平坦となり、35歳までに結婚しない女性は、ほとんど結婚しないことを示します。

このような曲線が、1986年の有名雑誌の特集記事になりました。ニューズウィーク誌が40歳で未婚の女性は、結婚するよりは「テロリストに殺される可能性が高い」と報じたのです。この統計は広く報じられ、大衆文化の一部にまでなりましたが、当時でも誤りであり（間違った分析に基づいていたため）、さらに誤っている（当時も進行中でその後も継続している文化の変貌により）ことがわかったのです。2006年に、ニューズウィーク誌は、それが間違っていたという特集を組みました[†]。

この記事を、それが基づいている統計や、記事に対する反応を含めてもっと読んでみることを勧めます。統計解析を行う上で倫理上の義務に注意しなければならないこと、結果の解釈には適切な懐疑心を持って臨むこと、公衆に対して正確かつ誠実に発表すべきことを思い起こさせます。

## 13.7　信頼区間

カプラン・マイヤー分析は、生存曲線の単一推定を得られるだけでなく、推定の不確実度を定量化することでも重要です。いつものことですが、測定誤差、標本誤差、モデル化誤差の3つの誤差原因があります。

この例では、測定誤差はおそらく小さいでしょう。人間は、いつ生まれたか、結婚しているかどうか、結婚日などは覚えているものです。そして、この情報を正確に報告するものと期待できます。

標本誤差は、リサンプリングで定量化できます。コードは次のようになります。

---

[†] 訳注：ニューズウィーク1986年6月2日号（http://www.amazon.com/Newsweek-June-1986-MARRIAGE-CRUNCH/dp/B0054T9HLAに、曲線を載せた表紙が掲載されている）は、The Marriage Crunchという特集を組んだ。これが問題の記事である。その後、2006年6月4日に「Rethinking 'The Marriage Crunch'」という特集を組んで誤りを認めたが、さまざまな批判があって、それらは、ウェブで見ることができる。ちなみに訂正記事のタイトルは、「Marriage by the Numbers」である（http://www.newsweek.com/marriage-numbers-110797）。

```
def ResampleSurvival(resp, iters=101):
    low, high = resp.agemarr y.min(), resp.agemarry.max()
    ts = np.arange(low, high , 1/12.0)

    ss_seq = []
    for i in range(iters):
        sample = thinkstats2.ResampleRowsWeighted(resp)
        hf, sf = Estimat eSurvival(sample)
        ss_seq.append(sf.Probs(ts))

    low, high = thinkstats2.PercentileRows(ss_seq, [5, 95])
    thinkplot.FillBetween(ts, low, high)
```

ResampleSurvival は、回答者の DataFrame である resp と、リサンプリングの回数 iters を引数に取ります。そして、生存関数を評価する年齢の列、ts を計算します。ループの内側では、ResampleSurvival が次を行います。

- 「10.7 重み付けリサンプリング」で用いた ResampleRowsWeighted を使って回答者のリサンプリングを行う。

- EstimateSurvival を呼び出し、前節の過程を用いてハザード曲線と生存曲線とを推定する。

- そして ts での各年齢について生存曲線を評価する。

ss_seq が評価された生存曲線の列です。

PercentileRows は、この列を引数に取り、第 5 および第 95 パーセンタイルを計算して、生存曲線の 90％信頼区間を返します。

図 13-3 は、その結果を前節で評価した生存関数とともに示します。信頼区間では、推定曲線と異なり、標本化重みを考慮します。両者の相違は、標本化重みが推定に実質的に影響することを示します。これは覚えておかないといけません。

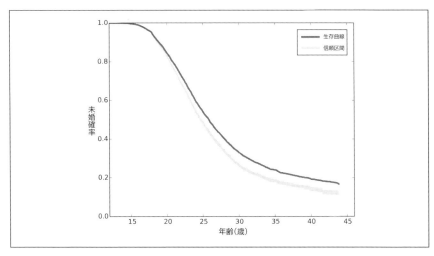

図 13-3　初婚時年齢の生存曲線と加重リサンプリングに基づいた 90 % 信頼区間

## 13.8　コホート効果

　生存分析における課題の 1 つは、生存曲線の異なる部分が回答者の異なるグループによるということです。時間 $t$ の曲線部分は、インタビューを受けたときにその年齢が少なくとも $t$ だった回答者グループに基づいています。したがって、曲線の左端の部分は、全回答者のデータを含みますが、右端の部分は最年長者のデータしか含みません。

　回答者の関連特性が時間変化しないなら、それでよいのですが、この場合は、女性の世代が異なると結婚のパターンが異なるようです。この効果は、回答者の生年を 10 年ごとにグループ化して調べることができます。このような、生年月日や同様の出来事で定義されたグループは**コホート**（cohort）と呼ばれ、グループ間の差異は、**コホート効果**（cohort effect）と呼ばれます。

　NSFG 婚姻データにおけるコホート効果を見るために、本書で使われている 2002 年のデータからサイクル 6 データ、「**9.11　再現**」で使われている 2006 〜 2010 年データからサイクル 7 データ、1995 年からサイクル 5 データを取りました。全体で、このデータセットは 30,769 人の回答者になります。

## 13.8 コホート効果

```
resp5 = ReadFemResp1995()
resp6 = ReadFemResp2002()
resp7 = ReadFemResp2010()
resps = [resp5, resp6, resp7]
```

DataFrame と resp と各々について、cmbirth を使って各回答者の 10 年ごとの生年月日を計算します。

```
month0 = pandas.to_datetime('1899-12-15')
dates = [month0 + pandas.DateOffset(months=cm)
         for cm in resp.cmbirth]
resp['decade'] = (pandas.DatetimeIndex(dates).year - 1900) // 10
```

cmbirth は、1899 年 12 月から何ヶ月かの整数で符号化されており、month0 は、その日付を Timestanp オブジェクトとして表します。各生年月について、世紀月を含む DateOffset をインスタンス化して、month0 に加えます。結果は Timestanp の列で、DateTimeIndex に変換されます。最後に、year を抽出して 10 年ごとの生年月日を計算します。

標本化重みを考慮し、標本誤差による変動性を示すために、データをリサンプリングして、10 年ごとの生年月日でグループ化して、生存曲線をプロットします。

```
for i in range(iters):
    samples = [thinkstats2.ResampleRowsWeighted(resp)
               for re sp in resps]
    sample = pandas.concat(samples, ignore_index=True)
    groups = sample.groupby('decade')

    EstimateSurvivalByDecade(groups, alpha=0.2)
```

3 つの NSFG サイクルからのデータは、異なる標本化重みを用いているので、別々にリサンプリングして、concat を使って併合して、単一の DataFrame にします。パラメータの ignore_index は、concat に対してインデックスで対応させないよう指示して、その代わりに 0 から 30768 の新しいインデックスを作ります。

EstimateSurvivalByDecade は、各コホートごとに生存曲線をプロットします。

```
def EstimateSurvivalByDecade(resp):
    for name, group in groups:
        hf, sf = EstimateSurvival(group)
        thinkplot.Plot(sf)
```

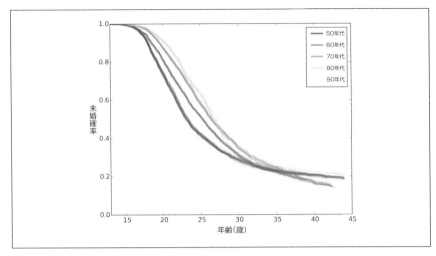

図13-4 異なる年代に生まれた回答者の生存率

図13-4に結果を示します。いくつかのパターンが見えます。

- 1950年代に生まれた女性は一番早く結婚しているが、その後のコホートでは結婚がどんどん遅くなり、少なくとも30歳に達してからになる。

- 1960年代に生まれた女性は驚くべきパターンに従う。25歳までは、上の年代の人よりも結婚が遅い。25歳を超えると結婚が早くなる。32歳までには、1950年代のコホートを追い抜いて、44歳では結婚している機会がはるかに多い。

   1960年代に生まれた女性は、1985年から1995年に25歳になっている。以前述べたニューズウィークの特集は1986年に発行されたが、その記事が結婚ブームを引き起こしたと考えたくなる。このような説明はでき過ぎているようだが、特集記事とそれに対する反応から、このコホートの振る舞いに影響するムードが示されている。

- 1970年代のコホートのパターンも似ている。前の世代と比べると25歳より前に結婚することはほとんどなくて、35歳ではそれまでのコホートのどちらにも追いつく。

- 1980年代に生まれた女性は、25歳より前に結婚することはもっと稀である。その後どうなるかは明らかではない。より多くのデータを得るには、NSFGの次のサイクルまで待たねばならない。

待っている間に、予測を行うことができます。

## 13.9 外挿

1970年代のコホートの生存曲線は、38歳ぐらいで終わりです。1980年代のコホートでは、28歳で終わります。1990年代のコホートについては、ほとんどデータがありません。

これらの曲線を、以前のコホートのデータを「借りる」ことで外挿できます。HazardFunctionには、メソッドextendがあって、他のより長いHazardFunctionの尻尾の部分をコピーします。

```
# class HazardFunction

    def Extend(self, other):
        last = self.series.index[-1]
        more = other.series[other.series.index > last]
        self.series = pandas.concat([self.series, more])
```

「13.2 ハザード関数」で見たように、HazardFunctionには、$t$から$\lambda(t)$に対応付けするSeriesがあります。Extendは、self.seriesの最後のインデックスであるlastを見つけ、otherからlastの後に来る値を選び、それをself.seriesに追加します。

各コホートのHazardFunctionを前のコホートでの値を用いて拡張できます。

```
def PlotPredictionsByDecade(groups):
hfs = []
for name, group in groups:
        hf, sf = EstimateSurvival(group)
        hfs.append(hf)

    thinkplot.PrePlot(len(hfs))
    for i, hf in enumerate(hfs):
        if i > 0:
            hf.Extend(hfs[i-1])
        sf = hf.MakeSurvival()
        thinkplot.Plot(sf)
```

groupsは、回答者を生年の年代別にまとめたGroupByオブジェクトです。最初のループでは、各グループのHazardFunctionを計算します。

第二のループでは、1つ前の要素の値を使ってHazardFunctionを拡張し、さらに、その前のグループの値をというふうに進めて、HazardFunctionをSurvivalFunctionに変換してプロットします。

図13-5 に結果を示します。予測が見やすいように50年代のコホートを取り除きました。これらの結果からは、40歳になる前に、最近のコホートは60年代のコホートに収束して、結婚しない人は20%を下回ることが示されます。

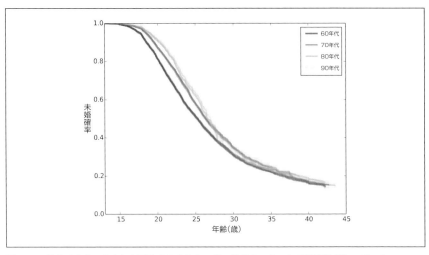

図13-5 異なる年代に生まれた回答者の生存率、若い世代のコホートでは予測が入っている

## 13.10 期待残存生存期間

生存曲線があれば、現在の年齢の関数として、期待残存生存期間を計算できます。「**13.1 生存曲線**」の妊娠期間の生存曲線から、出産までの期待時間を計算できます。

第1ステップは、生存期間のPMFを抽出することです。SurvivalFunctionがそのメソッドを提供します。

## 13.10 期待残存生存期間 | 209

```
# class SurvivalFunction

    def MakePmf(self, filler=None):
        pmf = thinkstats2.Pmf()
        for val, prob in self.cdf.Items():
            pmf.Set(val, prob)

        cutoff = self.cdf.ps[-1]
        if filler is not None:
            pmf[filler] = 1-cutoff

        return pmf
```

SurvivalFunctionには生存期間のCdfが含まれているのを覚えておいてください。ループでは、Cdfでの値と確率をPmfにコピーしています。

cutoffは、Cdfでの最大確率ですが、Cdfが完全なら1ですし、不完全なら1より小さくなります。Cdfが不完全な場合、締めくくりとして、与えられた値fillerでの処理をします。

妊娠期間のCdfは完全なので、このような詳細を気にかける必要はありません。

次のステップは、期待残存生存期間の計算ですが、「期待」という言葉は平均を意味します。SurvivalFunctionには、これを計算するメソッドもあります。

```
# class SurvivalFunction

    def RemainingLifetime(self, filler=None, func=thinkstats2.Pmf.Mean):
        pmf = self.MakePmf(filler=filler)
        d = {}
        for t in sorted(pmf.Values())[:-1]:
            pmf[t] = 0
            pmf.Normalize()
            d[t] = func(pmf) - t

        return pandas.Series(d)
```

RemainingLifetimeは、MakePmfに渡されるfillerと残存生存期間の分布をまとめるのに使われる関数であるfuncとを引数に取ります。

pmfは、SurvivalFunctionから抽出されたPmfです。dは、現在の年齢tと期待残存生存期間との対応表である結果を含むディクショナリです。

ループでは、Pmfの値を反復処理します。tの各値について、tを超える生存期間

について、生存期間の条件付き分布を計算します。そのために、Pmfから値を1つずつ取り除き、残りの値を再正規化しています。

それから、funcを使って条件付き分布をまとめます。この例では、期間がtを超えるものについての、平均妊娠期間になります。tを差し引くと、平均残存妊娠期間が得られます。

図13-6の左側は、現在の妊娠週の関数として、期待残存妊娠期間を示します。例えば、第0週では、期待残存期間は34週です。これは、第1三半期での妊娠途絶が平均を押し下げているために、通常の妊娠期間（39週）より少なくなっています。

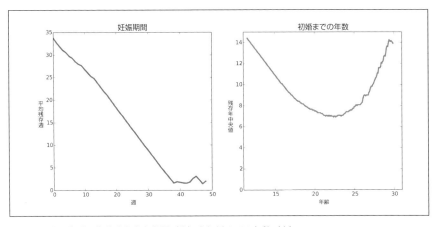

図13-6　妊娠期間の期待残存生存期間（左）と初婚までの年数（右）

曲線は、第1三半期では緩やかに低下します。13週後で、期待残存生存期間は、9週間だけ下がって25週になります。その後、曲線は、もっと速く、毎週1週間低下します。

第37週と第42週の間では、曲線は平らになって1ないし2週間しか変わりません。この期間では、期待残存生存期間は同じです。この間の週では、終着点が近くなりません。このような特性を持つ過程は、過去が予測に何の影響も与えないことから、**メモリレス**（memoryless）と呼ばれます。この過程の振る舞いは、産科の看護師が、「今からいつでも」と苛立たしくこぼすことの数学的基盤だというわけです[†]。

---

[†] 訳注：もちろん、冗談なわけだが、わかりにくい。原文は、This behavior is the mathematical basis of the infuriating mantra of obstetrics nurses: "any day now."

図 13-6 の右側は、初婚までの残存時間の中央値を年齢の関数として示します。11 歳の少女では、初婚までの中央値は、14 年です。曲線は 22 歳まで低下して、そこでの残存時間の中央値は 7 年です。その後は再度増加して、30 歳では開始時点の 14 年に戻ります。

このデータからは、若い女性の残存「生存期間」が減少しています。このような特性を持つ機械部品は、新品の部品の方が長持ちすると期待されるという意味の「新品のほうが中古より長持ち」という句の頭文字を取って **NBUE** と呼ばれます[†]。

22 歳を超えた女性は、初婚までの残存時間が増えます。この特性を持つ機械部品は、「中古が新品より長持ち」という句にあたる **UBNE** と呼ばれます[‡]。すなわち、部品が古いほど長く持つと期待されます。新生児やがん患者も UBNE です。長く生きるほど余命が増えるのです。

この例では、Cdf が不完全なので、平均値ではなく中央値を計算します。生存曲線から、回答者の約 20% が 44 歳より前には結婚しないと見られます。これらの女性の初婚年齢は未知であり、存在しない可能性もあるので、平均を計算するわけにはいきません。

このような未知の値には、無限大を表す特別な値である `np.inf` に置き換えるという処理をしました。これにより、すべての年齢で平均が無限大になりますが、中央値は、残存生存期間の 50% 以上が有限である限り、きちんと定義されます。この条件は、30 歳までは成り立ちます。その後は、意味のある期待残存生存期間の定義が困難になります。

これらの関数を計算してプロットするコードは次のようになります。

```
rem_life1 = sf1.RemainingLifetime()
thinkplot.Plot(rem_life1)

func = lambda pmf: pmf.Percentile(50)
rem_life2 = sf2.RemainingLifetime(filler=np.inf, func=func)
thinkplot.Plot(rem_life2)
```

`sf1` は、妊娠期間の生存曲線で、この例では、`RemainingLifetime` のデフォルト値を使えます。

`sf2` は、初婚年齢の生存曲線です。`Func` は、Pmf を取る関数で中央値 (50 位パー

---

[†] 訳注：英文は、new better than used in expectation
[‡] 訳注：英文は、used better than new in expectation

センタイル）を計算します。

## 13.11 演習問題†

### 演習問題 13-1

NSFGのサイクル6と7では、該当する回答者のみ、最初の離婚日を変数 cmdivorcx に、世紀月で保持している。

離婚までの結婚期間と、今なお続いている結婚期間とを計算しなさい。結婚期間についてのハザード関数と生存関数を推定しなさい。

標本化重みを考慮したリサンプリングを使い、いくつかのリサンプリングしたデータをプロットして、標本誤差を可視化しなさい。

回答者の生年の年代別グループに分けて、また、初婚の年齢について分けて、検討しなさい。

## 13.12 用語集

**生存分析（survival analysis）**
　生存期間、より一般的にはイベントの起こるまでの時間を記述し、予測する一連の手法。

**生存関数（survival function）**
　時間 $t$ と $t$ を超えて生存する確率を対応させる関数。

**生存曲線（survival curve）**
　生存関数と同義。

**ハザード関数（hazard function）**
　$t$ と、$t$ まで生きてきて死んだ人の割合とを対応させる関数。

**カプラン・マイヤー推定（Kaplan-Meier estimation）**
　ハザード関数と生存関数とを推定するアルゴリズム

**コホート（cohort）**
　特定期間に生じた、生年月日のようなイベントで定義された被験者のグループ。

---

† この問題の解答は chap12soln.py にある。

**コホート効果（cohort effect）**

　　コホート間の相違。

**NBUE**

　　「新品のほうが中古より長持ち」という期待残存生存期間の特性。

**UBNE**

　　「中古のほうが新品より長持ち」という期待残存生存期間の特性。

# 14章
# 統計解析手法[†]

本書は、シミュレーションやリサンプリングというような計算手法に焦点を絞ってきましたが、これまで解いてきた問題のいくつかには、もっと高速な統計解析手法があります。

本章では、それらの手法のいくつかを示し、どのように働くかを説明します。章末では、計算手法と解析手法とを、探索的データ解析のために統合する方向を示します。

## 14.1 正規分布

どうしてこのようなことをするか、背景を理解してもらうために、「8.3 標本分布」の問題を再度取り上げましょう。

> 自然公園にいる野生のゴリラを研究している科学者になったと仮定しましょう。9頭のゴリラの体重を量って、標本平均 $\bar{x}$ = 90 kg、標本標準偏差 $S$ = 7.5 kg を得ました。$\bar{x}$ を使って母集団の平均値を推定したとすると、その標準誤差はどれだけでしょうか。

この問題を解くためには、$\bar{x}$ の標本分布が必要です。「8.3 標本分布」では、実験(9頭のゴリラの体重を量る)をシミュレーションし、シミュレーション実験ごとに $\bar{x}$ を計算し、推定の分布を重ねることで標本分布を近似しました。

結果は、標本分布の近似です。それから、この標本分布を用いて、標準誤差と信頼

---

[†] 本章のコードは、normal.py にある。コードのダウンロードや扱い方については、viii ページの「コードを使う」を参照してほしい。

区間を計算します。

- 標本分布の標準偏差は、推定の標準誤差である。この例では、約 2.5 kg。
- 標本分布の 5 位パーセンタイルと 95 位パーセンタイルとの区間は、90％信頼区間である。実験を多く行えば、そのうちの 90％の時間は、推定がこの間になる。この例では、90％CI は、(86, 94) kg になる。

今度は、同じ計算を解析的に行ってみましょう。大人のメスのゴリラの体重が正規分布しているという事実を利用します。正規分布には、解析に適した次の 2 つの性質があります。線形変換と加法について「閉じている」ことです。これが何を意味するか説明するためには、記法を紹介する必要があります。

量 $X$ が正規分布で、パラメータが $\mu$ と $\sigma$ なら、次のように表せます。

$$X \sim \mathcal{N}(\mu, \sigma^2)$$

ここで、記号 $\sim$ は、「分布である」を、大文字 $\mathcal{N}$ は、「正規」を意味します。

$X$ の線形変換は、$X' = aX + b$ のようになりますが、ここで $a$ と $b$ とは実数です。分布の族は、もし $X'$ が $X$ と同じ族であるなら、線形変換のもとで閉じています。正規分布は、$X \sim \mathcal{N}(\mu, \sigma^2)$ なら、次の性質を持ちます。

$$X' \sim \mathcal{N}(a\mu + b, a^2 \sigma^2) \qquad (1)$$

正規分布は、加法の下でも閉じています。もし $Z = X + Y$ かつ $X \sim \mathcal{N}(\mu_X, \sigma_X^2)$ さらに $Y \sim \mathcal{N}(\mu_Y, \sigma_Y^2)$ なら、

$$Z \sim \mathcal{N}(\mu_X + \mu_Y, \sigma_X^2 + \sigma_Y^2) \qquad (2)$$

特別な場合として、$Z = X + X$ なら、次のようになります。

$$Z \sim \mathcal{N}(2\mu_X, 2\sigma_X^2)$$

そして、一般に、$X$ の値が $n$ 個あって、それらを足し合わせれば、次のようになります。

$$Z \sim \mathcal{N}(n\mu_X, n\sigma_X^2) \qquad (3)$$

## 14.2 標本分布

これで、$\bar{x}$ の標本分布を計算するのに必要なものがすべて揃いました。$\bar{x}$ の計算では、$n$ 匹のゴリラの重さを量り、足し合わせて総重量を出し、$n$ で割ったことを覚えておきましょう。

ゴリラの体重の分布 $X$ が近似的に正規分布だと仮定します。

$$X \sim \mathcal{N}(\mu, \sigma^2)$$

$n$ 匹のゴリラの体重を量ったなら、式 (3) を使って総重量 $Y$ の分布を表すことができます。

$$Y \sim \mathcal{N}(n\mu, n\sigma^2)$$

ここで、$n$ で割るなら、標本平均 $Z$ は、式 (1) で $a = 1/n$ とすることにより、次のように分布します。

$$Z \sim \mathcal{N}(\mu, \sigma^2/n)$$

$Z$ の分布は、$\bar{x}$ の標本分布です。$Z$ の平均値は $\mu$ で、$\bar{x}$ が $\mu$ の不偏推定であることを示します。標本分布の分散は、$\sigma^2/n$ です。

したがって、標本分布の標準偏差、すなわち、推定量の標準誤差は、$\sigma/\sqrt{n}$ です。この例では、$\sigma$ は 7.5 kg で $n$ は 9 なので、標準誤差は 2.5 kg です。この結果は、シミュレーションで得た推定と一致しますが、計算がずっと高速です。

標本分布を使って信頼区間を計算することもできます。$\bar{x}$ の 90% 信頼区間は、$Z$ のパーセンタイルの 5 位と 95 位の間になります。$Z$ が正規分布なので、逆 CDF を評価してパーセンタイルを計算できます。

正規分布の CDF やその逆には閉式はありませんが、高速な数値計算法があり、「5.2 正規分布」で見たように SciPy に実装されています。thinkstats2 では、SciPy の関数をもう少し使いやすくしたラッパー関数を提供しています。

```
def EvalNormalCdfInverse(p, mu=0, sigma=1):
    return scipy.stats.norm.ppf(p, loc=mu, scale=sigma)
```

確率 $p$ を与えると、パラメータが mu と sigma の正規分布の対応するパーセンタイルを返します。$\bar{x}$ の 90% 信頼区間については、次のように 5 位と 95 位のパーセンタ

イルを計算します。

```
>>> thinkstats2.EvalNormalCdfInverse(0.05, mu=90, sigma=2.5)
85.888

>>> thinkstats2.EvalNormalCdfInverse(0.95, mu=90, sigma=2.5)
94.112
```

実験を多数行った場合、推定 $\bar{x}$ は、90％の時間が (85.9, 94.1) の範囲に入ると期待できます。この場合も、シミュレーションで得られた結果に一致します。

## 14.3 正規分布を表現する

計算を容易にするために、正規分布を表す Normal と呼ばれるクラスを定義して、これまでの節に出てきた式をコード化しました。次のような内容です。

```
class Normal(object):

    def __init__(self, mu, sigma2):
        self.mu = mu
        self.sigma2 = sigma2

    def __str__(self):
        return 'N(%g, %g)' % (self.mu, self.sigma2)
```

ゴリラの体重分布を表す Normal を次のようにインスタンス化します。

```
>>> dist = Normal(90, 7.5**2)
>>> dist
N(90, 56.25)
```

Normal には、標本サイズ $n$ を取り、式 (3) を使って $n$ 個の値の和の分布を返す Sum があります。

```
def Sum(self, n):
    return Normal(n * self.mu, n * self.sigma2)
```

Normal は、式 (1) を使った乗算や除算も知っています。

```
def __mul__(self, factor):
    return Normal(factor * self.mu, factor**2 * self.sigma2)

def __div__(self, divisor):
    return 1 / divisor * self
```

標本サイズが9の平均の標本分布を次のように計算できます。

```
>>> dis t_xbar = dist.Sum(9) / 9
>>> dis t_xbar.sigma
2.5
```

標本分布の標準偏差は、前節で見たように2.5 kgです。最後に、Normalは、信頼区間を計算するのに使えるPercentileも提供しています。

```
>>> dist_xbar.Percentile(5), dist_xbar.Percentile(95)
85.888 94.113
```

これは、以前に得たのと同じ答えです。後でまたNormalを使いますが、その前に、もう少し解析が必要です。

## 14.4 中心極限定理

これまでの節で見てきたように、正規分布から得られた値を足し込むと、その和は正規分布になります。他のほとんどの分布にはこの性質がありません。他の分布から得られた値を足し込むと、和は一般には解析的な分布になりません。

しかし、ほとんどすべての分布で $n$ 個の値を足し込むと、和の分布は、$n$ が増加するに連れて、正規分布に収束します。

より正確に言うと、平均と標準偏差が $\mu$ と $\sigma$ の分布があったとすれば、その分布の値の和は、$\mathcal{N}(n\mu, n\sigma^2)$ という分布で近似できます。

この結果が**中心極限定理**（Central Limit Theorem、CLT）です。統計解析において非常に有用なものですが、注意点がいくつかあります。

- 値は互いに独立である必要がある。相関があると、CLTが適用できない（これは実用上問題になることはほぼない）。

- 値は同じ分布から得る必要がある（とはいえ、この条件は多少緩くできる）。

- 値は有限の平均と分散を有する分布に従うとする。したがって、ほとんどのパレート分析には使えない。

- 正規分布に収束するのに必要な値の個数は、分布の歪みの程度に依存する。指数分布から得られる値の和は、標本サイズが小さくても収束する。対数正規分布の場合には、そうはいかない。

中心極限定理の存在は、自然界において正規分布がよく現れることを、少なくとも部分的に説明してくれます。動物や他の生物は数多くの遺伝的／環境的な要因の影響を受け、その影響は積み重ねられます。測定される特性は、それら小さな影響が大量に足し合わされた総和ですから、分布は正規分布になることが多いのです。

## 14.5　CLT を試す

中心極限定理がどのように働き、いつ働かないかを知るために、いくつか実験してみましょう。最初に、指数分布を試します。

```
def MakeExpoSamples(beta=2.0, iters=1000):
    samples = []
    for n in [1, 10, 100]:
        sample = [np.sum(np.random.exponential(beta, n))
                  for _ in range(iters)]
        samples.append((n, sample))
    return sam ples
```

MakeExpoSamples は、指数値の和の標本を生成します（「指数値」は、「指数分布から得られた値」を略したものです）。beta は分布のパラメータ、iters は生成する和の個数です。

この関数の説明には、内側から始めて外側に進みましょう。np.random.exponential を呼び出すごとに、$n$ 個の指数値の列が得られ、その和を計算します。sample は、長さが iters の、この和のリストです。

n と iters とは混同しやすいので気を付けましょう。n は和の項の個数で、iters は、和の個数で、それらは和の分布の特徴を見出すために計算されます。

返される値は、(n, sample) 対のリストです。これらの対の正規確率プロットを作ります。

```
def NormalPlotSamples(samples, plot=1, ylabel=''):
    for n, sample in samples:
        thinkplot.SubPlot(plot)
        thinkstats2.NormalProbabilityPlot(sample)

        thinkplot.Config(title='n=%d' % n, ylabel=ylabel)
        plot += 1
```

NormalPlotSamples は、MakeExpoSamples から対のリストを受け取り、一連の正規確率プロットを生成します。

図 14-1（上の行）が結果を示します。n=1 では、和の分布はまだ指数的なので、正規確率プロットは直線ではありません。しかし、n=10 では、和の分布はほぼ正規分布です。n=100 では、正規分布とほとんど見分けがつきません。

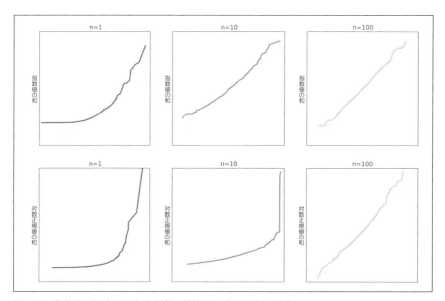

**図 14-1** 指数値の和（上の行）と対数正規値の和（下の行）の分布

図 14-1 の下の行は、対数正規分布についての同様の結果を示します。対数正規分布は、指数分布よりも歪みの度合いがひどく、和の分布は収束時間がずっと長くなります。n=10 では、正規確率プロットは、直線とかけ離れていますが、n=100 では、近似的には正規です。

パレート分布は、対数正規よりもっと歪んでいます。パラメータによりますが、多くのパレート分布は、有界の平均や分散を持ちません。結果として、中心極限定理を適用できません。図14-2（上の行）は、パレート値の和の分布を示します。n=100でも正規確率プロットは、直線にほど遠い状態です。

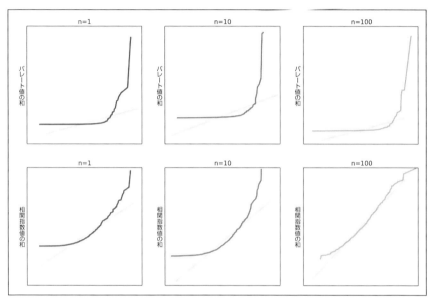

図14-2　パレート値の和（上の行）と相関指数値の和（下の行）の分布

値が相関していると、CLTが適用できないとも述べました。これを試すために、指数分布から相関値を生成しました。相関値を生成するアルゴリズムは、(1) 相関正規値を生成する、(2) 正規CDFを用いて値を変換して一様にする、(3) 逆指数CDFを用いて一様値を指数に変換する、です。

GenerateCorrelatedは、系列相関rhoの$n$個の正規値のイテレータ（反復器）を返します。

```
def GenerateCorrelated(rho, n):
    x = random.gauss(0, 1)
    yield x
```

```
        sigma = math.sqrt(1 - rho**2)
    for _ in range(n-1):
        x = random.gauss(x*rho, sigma)
        yield x
```

最初の値は、標準正規値です。引き続く値は先行値に依存します。前の値が $x$ なら、次の値の平均は `x*rho` で、分散は `1-rho**2` です。`random.gauss` は、分散ではなく標準偏差を第二引数に取ることに注意してください。

`GenerateExpoCorrelated` は、結果の列を取って、指数値に変換します。

```
def Gen erateExpoCorrelated(rho, n):
    normal = list(GenerateCorrelated(rho, n))
    uniform = scipy.stats.norm.cdf(normal)
    expo = scipy.stats.expon.ppf(uniform)
    return exp o
```

`normal` は相関正規値のリストで、`uniform` は 0 から 1 の間の一様値の列です。`expo` は指数値の相関系列です。`ppf` は、「パーセントポイント関数（percent point function）」の頭文字で、逆 CDF の別名です。

図 14-2 の下の行は、rho=0.9 の相関指数値の和の分布を示します。相関は、収束速度を落とします。それにもかかわらず、n=100 だと正規確率プロットはほぼ直線になります。したがって CLT は、厳密には、値が相関しているときには使えないのですが、ある程度の相関は実際上はあまり問題になりません。

これらの実験は、中心極限定理がどのように働き、ダメなときはどうなるかを示すためのものでした。どのように使えばよいかを次に述べましょう。

## 14.6　CLT を適用する

なぜ中心極限定理が有用かを見るために、「9.3　平均の差を検定する」の例に戻りましょう。第一子と第二子以降の平均妊娠期間の差の検定です。すでに見たように、差は 0.078 週です。

```
>>> live, firsts, others = first.MakeFrames()
>>> delta = firsts.prglngth.mean() - others.prglngth.mean()
0.078
```

仮説検定のロジックを思い出しましょう。帰無仮説のもとで観察された差の確率で

ある $p$ 値を計算します。$p$ 値が小さければ、観察された差が偶然によるものだとは考えにくいと結論します。

この例では、帰無仮説は、妊娠期間の分布が第一子と第二子以降とで同じであるというものです。したがって、次のように平均の標本分布を計算できます。

```
dist1 = SamplingDistMean(live.prglngth, len(firsts))
dist2 = SamplingDistMean(live.prglngth, len(others))
```

両方の標本分布が同じ母集団、すべての新生児のプールに基づいています。SamplingDistMean は、値の列と標本サイズを取り、標本分布を表す Normal オブジェクトを返します。

```
def SamplingDistMean(data, n):
    mean, var = data.mean(), data.var()
    dist = Normal(mean, var)
    return dist.Sum(n) / n
```

mean と var は、data の平均と分散とです。データの分布を正規分布 dist で近似します。

この例では、データが正規分布ではないので、この近似はあまりよいものではありません。しかし、$n$ 個の値の平均の標本分布である dist.Sum(n) / n を計算してみます。データが正規分布でなくても、中心極限定理によって、平均の標本分布は正規分布なのです。

次に、平均の差の標本分布を計算します。Normal クラスでは、式（2）を用いて引き算を行う方法がわかっています。

```
def __sub__(self, other):
    return Normal(self.mu - other.mu,
                  self.sigma2 + other.sigma2)
```

したがって、差の標本分布は次のように計算できます。

```
>>> dist = dist1 - dist2
N(0, 0.0032)
```

平均は 0 で、これは、同じ分布から取った 2 つの標本が、平均すれば、同じ平均値を持つので妥当なものです。標本分布の分散は 0.0032 です。

Normalは、正規CDFを評価するProbを提供しています。Probを使って、帰無仮定のもとでdeltaだけの大きさの差がある確率を計算できます。

```
>>> 1 - dist.Prob(delta)
0.084
```

これは、片側検定の$p$値が0.84ということを意味します。両側検定のために、次も計算します。

```
>>> dist.Prob(-delta)
0.084
```

これは、正規分布が対称形なので同じです。両端の和は0.168で、「9.3 平均の差を検定する」での推定、0.17に合致します。

## 14.7 相関検定

「9.5 相関を検定する」では、新生児の体重と母親の年齢との相関に対して並べ替え検定を用いて、$p$値が0.001より小さく、統計的に有意であることを見出しました。

今度は、同じことを解析的に行うことができます。この手法は次の数学的な結果に基づきます。正規分布だが相関がない2変数について、サイズ$n$の標本を生成し、ピアソン相関$r$を計算して、それから次のように変換した相関を計算します。

$$t = r\sqrt{\frac{n-2}{1-r^2}}$$

$t$の分布は、パラメータが$n-2$のスチューデントの$t$分布になります。$t$分布は解析的分布です。CDFはガンマ関数を使って効率的に計算できます。

この結果を使って、帰無仮説のもとで相関の標本分布を計算します。すなわち、正規値の相関のない列を生成したならば、それらの相関分布はどうなるかということです。StudentCdfは、標本サイズ$n$を取り、相関の標本分布を返します。

```
def StudentCdf(n):
    ts = np.linspace(-3, 3, 101)
    ps = scipy.stats.t.cdf(ts, df=n-2)
    rs = ts / np.sqrt(n - 2 + ts**2)
    return thinkstats2.Cdf(rs, ps)
```

ts は、変換された相関である t の値の NumPy 配列です。ps は、SciPy で実装されているスチューデントの t 分布の CDF を使って計算された対応する確率を含みます。t 分布のパラメータ df は、「自由度 (degrees of freedom)」の意味です。この用語の意味はここで説明しませんが、Wikipedia の「自由度」などで調べることができます[†]。

ts から相関係数 rs を求めるために、逆変換を適用します。

$$r = t/\sqrt{n-2+t^2}$$

結果は、帰無仮説のもとでの $r$ の標本分布です。図 14-3 は、この分布を「9.5 相関を検定する」でリサンプリングによって生成した分布とともに示しています。両者はほとんど見分けがつきません。実際の分布は正規ではないのですが、相関のピアソンの相関係数は、標本平均と分散に基づいています。中心極限定理によって、これらの積率に基づいた統計量は、データが正規分布していなくても、正規分布になります。

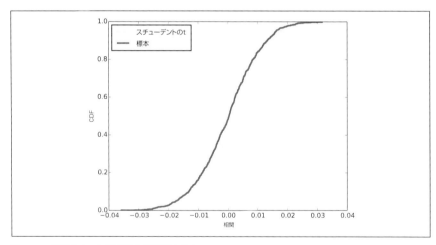

図 14-3　相関のない正規変数の相関標本分布

---

[†] 訳注：日本語の Wikipedia では、http://ja.wikipedia.org/wiki/ 自由度 #.E7.B5.B1.E8.A8.88.E5.AD.A6 に 4 行ほどの簡単な解説が載っている。英語では、統計での自由度について項目が立てられている。http://en.wikipedia.org/wiki/Degrees_of_freedom_(statistics)

図14-3から、観察された0.07という相関は、変数が実際に相関がないとしたら、起こりえないことがわかります。解析分布を用いて、それがどれだけ起こりにくいかを計算できます。

```
t = r * math.sqrt((n-2) / (1-r))
p_value = 1 - scipy.stats.t.cdf(t, df =n-2)
```

r=0.07に対応するtの値を計算して、tでのt分布を評価します。結果は6.4e-12です。この例は、非常に小さなp値が計算できるという解析手法の優位性を示しています。実際には、普通はどうでもいいことです。

## 14.8　カイ二乗検定

「9.7　カイ二乗検定」では、カイ二乗統計量を用いてサイコロがイカサマかどうかを検定しました。カイ二乗統計量は、表の期待値からの全正規化偏差を測ります。

$$\chi^2 = \sum_i \frac{(O_i - E_i)^2}{E_i}$$

カイ二乗統計量が広く使われている理由の1つは、帰無仮説のもとでの標本分布が解析的だからです。偶然にも[†]、この分布はカイ二乗分布と呼ばれます。t分布同様、カイ二乗CDFは、ガンマ関数を用いて効率的に計算できます。

SciPyは、カイ二乗分布の実装を提供していて、それを使ってカイ二乗統計量の標本分布を計算できます。

```
def ChiSquaredCdf(n):
    xs = np.linspace(0, 25, 101)
    ps = scipy.stats.chi2.cdf(xs, df=n-1)
    return thinkstats2.Cdf(xs, ps)
```

図14-4は、この解析結果をリサンプリングによって得られた分布とともに示しています。両者は、特に、通常一番気になる、裾の部分で非常によく似ています。

この分布を使って、観察された検定統計量chi2のp値の計算ができます。

---

[†] 原注：本当ではない（訳注：カイ二乗分布は、ドイツのヘルメルトにより1875年に発見されているが、この名称自体はピアソンやその後のフィッシャー等による。http://en.wikipedia.org/wiki/Chi-squared_distribution の歴史についての項目参照）。

```
p_value = 1 - scipy.stats.chi2.cdf(chi2, df=n-1)
```

結果は 0.041 で、「**9.7 カイ二乗検定**」の結果に合致します。

カイ二乗分布のパラメータ df は、「自由度」です。この場合の正しいパラメータは n-1 で、n は表のサイズの 6 です。このパラメータの選択には、きわどいところがあります。正直に言えば、それが正しいものだという自信は、**図 14-4** のような結果を出して、解析結果とリサンプリングした結果を突き合わせるまで、持てませんでした。

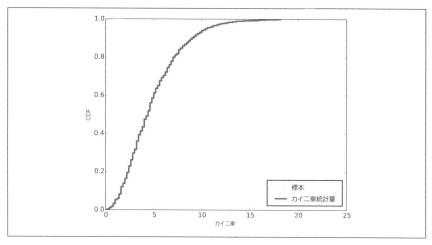

図 14-4　真正な六面サイコロのカイ二乗統計量の標本分布

## 14.9　議論

本書はリサンプリングや順列並べ替えのような計算手法に焦点を絞ったものです。計算手法には、解析手法に比べて次のような利点があります。

- 説明と理解が容易。例えば、統計入門のクラスで最も難しいことの 1 つに仮説検定がある。学生の多くは、$p$ 値が何であるかを本当には理解していない。9 章で示したようなアプローチや帰無仮説をシミュレーションして、検定統計量を計算することが、基本概念をより明確にする。

- 頑健で多方面に役立つ。解析手法は、実際には成り立たない仮定に基づくことが多い。計算手法では、仮定はより少なくて、適応や拡張がはるかに容易

である。

- デバッグできる。解析手法はブラックボックスのようなことがよくあり、数値を入れると結果が吐き出されるだけである。ちょっとした間違いをしでかしやすく、結果が正しいかどうかの確信を得るのが難しく、間違っている場合にその問題を見つけるのが容易ではない。計算手法は、それ自体、反復型の開発と試験とになっており、結果についての信頼が醸成される。

しかしながら、1つ欠点があります。計算手法は遅いのです。これらの長所短所を勘案すると、次のような過程がお勧めできます。

1. 検討中には計算手法を用いる。満足できる答えが得られ、実行時間が問題ないなら、ここで終わりにできる。
2. 実行時間が受け入れがたい場合、最適化の可能性を検討する。解析手法の使用は、最適化手法の1つに当たる。
3. 計算手法を解析手法で置き換えるのが良い場合には、計算手法を比較基準に用い、計算結果と解析結果との間での相互検証に使う。

著者がこれまで扱ってきた膨大な問題では、第1ステップを超える必要はありませんでした。

## 14.10　演習問題[†]

### 演習問題 14-1

「5.4　対数正規分布」で、成人体重の分布がほぼ対数正規であることを述べた。説明の1つは、毎年増加する分が、現在の体重に比例するからというものだった。この場合、成人体重は、多数の乗算的因子の積になる。

$$w = w_0 f_1 f_2 ... f_n$$

ここで、$w$ は成人体重、$w_0$ は出生時体重、$f_i$ は $i$ 歳での体重増加因子である。

---

[†] この問題の解答は chap14soln.py にある。

積の対数は、これら因子の対数の和になる。

$$\log w = \log w_0 + \log f_1 + \log f_2 + ... + \log f_n$$

したがって、中心極限定理から、$\log w$ の分布が大きな $n$ については、近似的に正規分布になる。それは、$w$ の分布が対数正規であることを意味する。

この現象をモデル化するために、妥当と思われる $f$ の分布を選び、出生時体重の分布からランダムに値を選んで、$f$ の分布から因子系列を選び、積を計算して、成人体重の標本を生成しなさい。対数正規分布に収束するのに必要な $n$ の値はいくつだろうか。

### 演習問題 14-2

「14.6 CLT を適用する」では、中心極限定理を使って、両方の標本が同じ母集団から得られたという帰無仮説のもとで、平均の差 $\delta$ の標本分布を求めた。

さらに、この分布を用いて、推定値の標準誤差と信頼区間を求めたが、これらは近似的に正しいだけである。より正確には、標本が異なる母集団から得られたという代替仮説のもとで $\delta$ の標本分布を計算すべきだ。

この分布を計算して、それを使って、平均の差の標準誤差と 90％信頼区間とを計算しなさい。

### 演習問題 14-3

Stein らは、最近の論文[†]で、学生の工学系のチームで伝統的な性別タスク割り当てを改善する目的での介入効果を調査している。

介入の前と後とで、学生は、授業のプロジェクトの各側面についての貢献度を 7 段階で評価するように言われる。

介入前、男子学生はプロジェクトのプログラミングのところを女子学生よりも高く評価していた。平均して、男子学生は、標準誤差 0.28 で 3.57 点、女子学生は、平均で、標準誤差 0.32 で 1.91 点であった。

性別のギャップ（平均の差）の標本分布を計算して、統計的に有意かどうかを検定しなさい。推定平均の標準誤差が与えられているので、標本分布を求めるために標本

---

[†] 原注："Evidence for the persistent effects of an intervention to mitigate gender-sterotypical task allocation within student engineering teams," Proceedings of the IEEE Frontiers in Education Conference, 2014.

サイズを知る必要はない。

介入後には、性別のギャップが小さくなった。男子学生の平均点は 3.44 (SE 0.16)、女子学生の平均点は 3.18 (SE 0.16) だった。性別ギャップの標本分布を計算して検定しなさい。

最後に、性別ギャップの変化を推定しなさい。この変化の標本分布はどうだろうか。統計的に有意だろうか。

# 索引

## 数字
2次モデル（quadratic model）...... 156, 190

## A
acf関数 ...... 183
aggregateメソッド ...... 173
alphaパラメータ ...... 95
Anaconda ...... ix, 152

## B
bisectモジュール ...... 85
BRFSS（行動危険因子サーベイランスシステム）
...... vii, 68, 93, 102, 150

## C
CCDF（complementary CDF、相補CDF）
...... 61, 70, 76, 193, 202
CDF ...... 累積分布関数を参照
Cdfクラス
　重み付けリサンプリング ...... 150
　概要 ...... 51
　実装 ...... 84-85
　生存関数 ...... 194, 209
　パーセンタイル派生統計量を計算する ...... 54
　分布のフレームワーク ...... 81
　乱数 ...... 54
CLT（中心極限定理） ...... vi, 219-225, 230
cost関数 ...... 138

## D
DataFrameデータ構造
　groupbyメソッド ...... 97
　NSFG変数 ...... 19
　OLSオブジェクト ...... 152
　queryメソッド ...... 194
　値を数える ...... 10

インデックス ...... 6, 41-43, 45
重み付けリサンプリング ...... 150
解釈 ...... 12-13
概要 ...... 5-7
コホート効果 ...... 205
再インデックス付け ...... 179
差違の比較 ...... 23
時系列のプロット ...... 173
自己相関関数 ...... 183
指数分布 ...... 60
ジョイン操作 ...... 157, 169
身長と体重の抽出 ...... 93
推定統計量 ...... 90
生存関数 ...... 203
線形回帰 ...... 175-177
データのインポートとクリーニング ...... 171-173
妊娠期間の差 ...... 124
標本サイズ ...... 134
リサンプリング ...... 142
ロジスティック回帰 ...... 164, 168
datetime64オブジェクト ...... 172
DateTimeIndex ...... 205
DictWrapperクラス ...... 83
digitize関数 ...... 96
dropna関数 ...... 88-90, 96, 127, 139, 146, 181

## E
EstimatedPdfクラス ...... 80
EWMA（指数加重移動平均） ...... 179, 182, 191

## F
FillBetween関数 ...... 143, 187, 203
fillnaメソッド ...... 180, 191
FitLine関数 ...... 139

## G

Git リポジトリ ...................................................... viii
GitHub ホスティングサービス ............................... viii
groupby メソッド ............................ 97, 173, 205, 208

## H

HazardFunction クラス ......................... 196, 199, 207
hexbin（六角形ビン分割）プロット ....................... 95
Hist オブジェクト
................................. 19-22, 29, 33-36, 82-83, 122, 128
Holm-Bonferroni method ..................................... 133
HypothesisTest クラス .................... 120-123, 146, 190

## I

inf 値 ........................................................................ 211
IPython Notebook............................................... ix, 13
IQ 値（IQ score）.................................................... 145

## J

Janert, Philipp........................................................ 189

## K

KDE（カーネル密度推定）............................80-81, 91

## L

LeastSquares 関数.................................................. 138
logit 関数 ................................................................ 164

## M

MacKay, David ...................................................... 121
matplotlib パッケージ .......................................ix, 19
MeanVar 関数 ........................................................ 100
MLE（最尤推定量） ................. 109, 115, 118, 138, 163
MSE（平均二乗誤差）........108-109, 112, 115-116, 144

## N

NaN（not a number） ........ 9, 12, 20, 96, 159, 181, 191
NBUE ............................................................. 211, 213
NSFG（全米世帯動向調査）
................... vii, 3, 37, 47, 51, 63, 119, 123, 134, 157
NumPy パッケージ
CLT を試す ....................................................... 220
KDE ...............................................................80-81
概要 ....................................................................... ix
確率の NumPy 配列 ............................................ 85
共分散 .................................................................. 99
散布図 .........................................................95, 176
正規確率プロット ............................................... 64
相関検定 ............................................................ 226
探索的データ解析 ......................................... 7, 13
データをビンに分ける ...................................... 96
日付の値に変換 ................................................ 172

乱数 ...................................................................... 41
ロジスティック回帰 ..................................164-166

## O

OLS オブジェクト .................................................. 152

## P

p 値（p-value）
回帰分析 ................................... 153, 157, 161, 165
概要 .......................................................................vi
仮説検定 ..............120, 123-128, 131, 133-135, 224
自己相関関数 .................................................... 183
線形回帰 ............................................................ 176
線形モデル ........................................................ 147
小さな p 値の計算 ............................................ 225
pandas パッケージ
NaN .............................................................. 10, 20
値を数える ........................................................... 17
回帰分析 ................................................... 158, 165
概要 ....................................................................... ix
共分散 .................................................................. 99
系列相関 ............................................................ 183
コホート効果 .................................................... 205
正規確率プロット ............................................... 64
生存曲線の外挿 ................................................ 207
相関を求める .................................................... 102
データ構造 ............................................................ 5
データのインポートとクリーニング........171-173
データをビンに分ける ...................................... 96
統計量の計算 ...................................................... 27
ハザード関数 .................................................... 196
ローリング平均 ................................................ 178
Pareto, Vilfredo（パレート、ヴィルフレド）......... 69
Patsy 構文................................................ 152, 160, 164
PDF ................................................ 確率密度関数を参照
Pdf クラス ......................................................... 79, 81
Pearson, Karl（ピアソン、カール）........................ 99
PMF ................................................ 確率質量関数を参照
Pmf クラス
KDE .................................................................... 80
PDF ..................................................................... 79
PMF のプロット ...........................................35-36
概要 ...............................................................33-35
クラスサイズのパラドックス .....................38-40
実装 ...................................................................... 83
生存関数 ............................................................ 209
分布のフレームワーク ...................................... 82
平均と分散の計算 ............................................... 43
渡す .................................................................... 85
pyplot ........................................................ 19, 35, 174

## Q

query メソッド ............................................................. 194

## R

$R^2$（決定係数）............144-145, 150, 153, 155-161, 165
random モジュール ................................................... 72
RegressionResults オブジェクト ......................... 152
Resample 関数 ............................................................ 132
RMSE（平均二乗誤差の平方根）
........................................108-109, 115-116, 144, 153

## S

SampleRows 関数 ....................................................... 93
SAT 点数（SAT score）.......................................... 145
SciPy パッケージ ............. ix, 62, 73, 80, 217, 226, 228
Series データ構造
 DataFrame のインデックス処理...................... 41
 fillna メソッド .................................................. 180
 NSFG 変数 ........................................................ 19
 値を数える ........................................................ 10
 概要 ...................................................................... 6
 自己相関関数 .................................................. 184
 正規確率プロット ............................................ 64
 生存曲線の外挿............................................... 207
 相関を求める .................................................. 102
 ハザード関数 .................................................. 196
 変数名をパラメータに対応付ける ................ 152
 ローリング平均............................................... 178
StatsModels パッケージ
.................................. ix, 152-153, 164, 167, 175, 183
Straight Dope, The...................................................... 29
SurvivalFunction クラス ................................ 194, 202

## T

thinkplot モジュール ..........................................60-61
 CDF のプロット ......................................... 52, 53
 CLT を試す ..................................................... 220
 hexbin プロット ............................................... 95
 PDF ...........................................................80-81, 88-90
 PMF のプロット .........................................35-36
 検定統計量の分布のプロット ......................... 124
 時系列のプロット ........................................... 173
 身長と体重の抽出 ............................................. 93
 正規確率プロット ............................................ 65
 生存関数 ........................................................... 195
 体重対身長のパーセンタイルをプロット ........ 97
 適合線のプロット ........................................... 144
 ヒストグラムをプロットする ..................... 19, 24
 分布のプロット ................................................ 39

## U

UBNE .......................................................... 211, 213

## X

xticks コマンド ......................................................... 174

## あ行

アダム、セシル（Adams, Cecil）........................... 28
圧縮（compression）................................................ 72
イカサマのサイコロ（crooked die）.................... 127
一様分布（uniform distribution）
............................................... 20, 30, 58, 72, 98, 184
移動平均（moving average）......................... 178, 191
因果（causation）................................................... 103
因果関係（causal relationships）........................... 103
インストール（installation）.................................... ix
インデックス（index）..........................6, 41-43, 45
ウィンドウ（window）................................178-180, 191
横断的調査（cross-sectional studies）................ 3, 15
オーバーサンプリング（oversampling）...... 4, 16, 150
オッズ（odds）............................................... 162, 169
オブジェクト（object）....................................171-173
重み（weight）................................................. 8, 129, 148
 標本化 .................................................148-149, 150
重み付けリサンプリング（weighted resampling）
.................................................................148-149, 203
折れ線グラフ（line plot）........................................ 35

## か行

カーネル密度推定
 （kernel density estimation、KDE）..........80-81, 91
回帰（regression）......................................... 151, 168
回帰分析（regression analysis）
 StatsModels パッケージ.............................152-153
 因果関係 ........................................................... 103
 実装モデル ....................................................... 164
 重回帰 .........................................................153-155
 推定パラメータ .............................................. 163
 正確度 .........................................................166-167
 データマイニング .......................................157-159
 非線形関係 ....................................................... 156
 目的 ................................................................... 151
 予測 .............................................................159-161
 ロジスティック回帰 ...................................161-162
外生変数（exogenous variable）........... 165, 168, 176
解釈（interpretation）............................................... 12
解析分布（analytic distribution）............... 59, 75, 225
外挿（extrapolation）............................................... 207
回答者（respondent）........................................... 4, 16
カイ二乗検定（chi-squared test）........... 128, 136, 227
カイ二乗統計量（chi-squared statistic）...... 128, 131
カイ二乗分布（chi-squared distribution）........... 227
ガウス分布（Gaussian distribution）
.................................................................正規分布を参照
確証的結果（confirmatory result）........................ 134

確証バイアス（confirmation bias）............................ 2
確率（probability）........................................ 33, 45, 161
確率質量関数（probability mass function、PMF）
　DataFrame のインデックス処理..................41-43
　概要 ..........................................................33-35, 45
　可視化 .................................................................. 36
　制限 ..................................................................... 47
　プロット .........................................................35-36
　平均の計算 ......................................................... 43
　クラスサイズのパラドックス .........................38-40
　プロット .........................................................35-36
確率密度（probability density）............................. 77, 91
確率密度関数（probability density function、PDF）
　Cdf 実装 ..........................................................84-85
　Hist 実装 .........................................................82-83
　Pmf 実装 .............................................................. 83
　概要 ...............................................................77-81, 91
　歪度 ................................................................87-90
　分布のフレームワーク ......................................... 82
　モーメント ......................................................... 85
賭け（betting pool）.........................157, 159-161, 167
可視化（visualization）.......vi, 36-38, 81, 140, 173, 208
カジノ（casino）..................................................... 127
仮説検定（hypothesis testing）
　CLT を適用する................................................ 223
　HypothesisTest クラス..............................120-123
　カイ二乗検定 .................................................... 128
　概要 ............................................................. 3, 134
　効果量 ............................................................... 132
　古典的..................................................119-120, 131
　再現 .................................................................. 134
　最適な検定統計量の選択..............................125-126
　相関を検定する ................................................ 126
　第一子のケーススタディ ................................. 129
　統計的に有意な効果 ......................................... 131
　平均の差 ........................................................... 123
　割合を検定する ................................................ 127
片側検定（one-sided test）..................... 125, 136, 225
傾き（slope）............................... 137, 140, 189, 190
偏りのある推定量（biased estimator）...109-111, 118
カテゴリ変数（categorical variable）
　..................................................155, 159-161, 169
カプラン・マイヤー推定
　（Kaplan-Meier estimation）........................ 198, 212
加法（addition）...................................................... 216
カボチャの重量（pumpkin weight）........................ 26
頑健な統計量（robust statistic）.......... 88, 91, 98, 101
観察される効果（apparent effect）........................ 119
観察者バイアス（observer bias）..................... 39, 45
慣性モーメント（moment of inertia）..................... 86
感度（sensitivity）................................................. 133
擬似 $R^2$ 値（pseudo r-squared）.............................. 165

擬似相関（spurious relationships）............... 154, 168
記述統計学（descriptive statistics）......................... 2
季節変動（seasonality）........................... 178, 182, 184
期待残存生存期間（expected remaining lifetime）
　...................................................................208-211
帰無仮説（null hypothesis）
　.........119-120, 126, 128, 131, 135, 145-148, 223-230
逆 CDF（inverse CDF、ICDF）
　..................................................51, 58, 71, 84, 217, 222-223
共分散（covariance）...................................... 98, 105
草の値段ウェブサイト（Price of Weed website）
　.............................................................................. 171
クラスサイズのパラドックス（class size paradox）
　.........................................................................38-40
クリーニング（cleaning）
　................................................v, 9, 16, 159, 171-173
経験分布（empirical distribution）.............. 59, 74, 75
傾向（trend）........................................................ 178
計算手法（computational method）
　...........................................................vi, 136, 215, 228
形状（shape）......................................................... 56
系列相関（serial correlation）..................182-183, 191
結果の尤度（likelihood of an outcome）............... 163
結婚曲線（marriage curve）................................. 199
欠損値（missing value）.............10, 174, 180-181, 191
決定係数（coefficient of determination）
　.................................144-145, 150, 153, 155-161, 165
決定係数 $R^2$（coefficient of determination）
　.................................144-145, 150, 153, 155-161, 165
検出力（power）............................................. 132, 136
検証（validating data）............................................ 10
検定（test）
　CLT を試す.................................................220-223
　カイ二乗 .......................................................... 128
　片側 ................................................. 125, 136, 225
　検出力不足 ...................................................... 133
　最適な検定統計量の選択..........................125-126
　線形モデル..............................................145-148
　相関を検定する ................................................ 126
　多重 .................................................................. 133
　両側 ................................................. 125, 136, 225
　割合を検定する ................................................ 127
検定統計量（test statistic）
　..............................120-123, 125-126, 128, 135, 227
検定力不足検定（underpowered test）................. 133
効果量（effect size）................... 27, 31, 125, 132, 134
貢献者（contributor）............................................... x
行動危険因子サーベイランスシステム（Behavioral Risk Factor Surveillance System、BRFSS）
　................................................ vii, 68, 93, 102, 150
誤差（error）
　五分位数（quintile）................................................... 54

コホート（cohort）......................................... 205, 212
コホート効果（cohort effect）.................204-207, 212
ゴリラの研究（gorilla study）..........111-114, 215-219
婚姻状況（marital status）...............168, 198-201, 208

## さ行

再インデックス付け（reindexing）.........178-180, 191
サイクル（cycle）................................................... 3
サイコロ（dice）............................................. 109, 127
最小二乗適合（least squares fit）.................. 137, 150
最頻値（mode）..................................... 20, 25, 29
再符号化（recode）................................................ 8, 16
最尤推定量（maximum likelihood estimator、MLE）............................... 109, 115, 118, 138, 163
サッカー（soccer）........................................... 117
参加者数（field size）..................................... 56
残差（residual）................140-141, 150, 153, 177, 186
算術平均（mean）...................................平均を参照
散布図（scatter plot）.............93-96, 101, 105, 139, 176
ジェイムズ・ジョイス 10 キロレース
　（James Joyce Ramble）......................................... 56
閾値（threshold）............................. 123, 131, 133
シグモイド形状（sigmoid shape）.......................... 63
時系列（time series）
　移動平均...................................................178-180
　概要................................................... 171, 191
　系列相関...................................................182-183
　欠損値.......................................................180-181
　自己相関関数.............................................183-185
　線形回帰...................................................175-177
　データのインポートとクリーニング........171-173
　プロット..................................................... 173
　予測.....................................................185-189, 191
自己選択（self-selection）....................................... 115
自己相関関数（autocorrelation function）
　...............................................................183-185, 192
辞書（dictionary）.................................................... 83
指数加重移動平均（exponentially-weighted moving average、EWMA）............................. 179, 182, 191
指数分布（exponential distribution）
　..........................................59-62, 72, 74, 77, 82, 115-116, 220
自然実験（natural experiment）.................... 104, 106
実験群（treatment group）..................................... 104
ジッタリング（jittering）............................. 94, 105
質量（mass）....................................................... 77
市の規模（city size）............................................. 70
シミュレーション（simulation）
　........................... 81, 112, 122, 141, 184, 187, 218
重回帰（multiple regression）.....v, 151, 153-155, 168
従属変数（dependent variable）
　.........................151, 156, 161-162, 164, 168, 176
縦断的調査（longitudinal study）...................... 3, 15

自由度（degrees of freedom）................ 111, 226, 228
収入（income）..................................90, 159-161
十分位数（deciles）................................................. 54
重量（weight）
　カボチャ......................................................... 26
　ゴリラ........................................................... 217
出産日（date of birth）........................................ 167
出生時（birth time）............................................. 60
出生時体重（birth weight）
　CDF の比較................................................... 53
　PMF の限界................................................... 47
　重み付けリサンプリング.................................. 150
　回帰分析............................151, 153-157, 159-161
　概要............................................................. 229
　仮説検定............................125-126, 133-134
　最小二乗適合.............................138-140
　正規確率プロット......................................64-67
　正規分布........................................................ 62
　線形モデルで予測.............................144-145
　相関検定....................................................... 225
　分布の計算.................................................. 57
　変数........................................................ 7, 19
　無作為標本.................................................. 54
順位（rank）............................................. 98, 102, 105
ジョイン操作（join operation）................157-159, 169
証明（proof）................................................... 120
事例証拠（anecdotal evidence）...................... 1, 15
人口動態調査（Current Population Survey、CPS）
　...................................................................... 90
真正でない硬貨（biased coin）.............................. 122
身長（height）................................73, 93-94
真陽性（true positive）.................................... 166
信頼区間（confidence interval）... 113, 115, 141, 150, 187-188, 202-204, 215, 217, 230
推定（estimation）
　KDE................................................80-81
　回帰モデルのパラメータ................................... 163
　概要............................................. 3, 107, 117
　カプラン・マイヤー............................. 198, 212
　指数分布...............................................115-116
　生存関数...................................................... 201
　生存曲線...................................................... 197
　線形最小二乗法.............................141-144
　探索的過程.........................................................v
　標本バイアス.............................................. 114
　標本分布..............................................111-114
　分散を予測する.................................109-111
　分布を当てる.............................................107-109
推定量（estimator）
　概要............................................107-108, 118
　偏りのある.................................109-111, 118, 217
　不偏................................................................ 110

裾（tail）.................................................. 20, 25, 30, 227
スチューデントのt分布（Student's t-distribution）
................................................................................ 225
ステップ関数（step function）........................ 50, 79
スパンパラメータ（span parameter）.......... 180, 191
スピアマンの順位相関
　（Spearman's rank correlation）........................ 101
スピアマンの相関係数（Spearman coefficient of
　correlation）..............................98, 101-103, 126
正確度（accuracy）................................................ 166
正規化（normalization）.................................. 33, 45
正規確率プロット（normal probability plot）
............................................64-67, 71, 76, 220-221, 223
世紀月（century-months）............................ 199, 205
正規分布（normal distribution）
　PDF........................................................................ 77
　概要.................................................. 20, 30, 62, 215
　身長...................................................................... 73
　推定.................................................................... 107
　スピアマンの順位相関 ..................................... 101
　正規確率プロット..........................................64-67
　標準偏差............................................................... 98
　分散.................................................................... 109
　平滑化.................................................................. 82
制御変数（control variable）....................... v, 157, 169
成人体重（adult weight）...........67-69, 93-94, 114, 229
生成過程（generative process）............................... 72
生存曲線（survival curve）....................... 193-196, 212
生存分析（survival analysis）
　外挿.................................................................... 207
　概要........................................................... 193, 212
　カプラン・マイヤー推定................................. 198
　期待残存生存期間.....................................208-211
　結婚曲線............................................................ 199
　コホート効果.............................................204-207
　信頼区間............................................................ 202
　生存関数を推定する........................................ 201
　生存曲線.....................................................193-196
　ハザード関数.............................................196-197
生存率（survival rate）.......................................... 193
性別（sex）..................................................... 159-161
性別比（sex ratio）........................................ 164, 167
正陽性率（correct positive rate）.......................... 133
積（product）......................................................... 229
切片（intercept）........................................... 137, 140
説明変数（explanatory variable）
.....................................151, 159-161, 165, 168, 176, 185
線形回帰（linear regression）
......................................................151, 168, 175-177, 185
線形関係（linear relationshi）............................... 101
線形最小二乗（ordinary least squares）
...................................................................... 151, 161, 168

線形最小二乗法（linear least squares）
　重み付けリサンプリング..........................148-149
　概要.................................................................... 137
　最小二乗適合..............................................137-138
　残差.................................................................... 140
　実装..............................................................138-140
　推定..............................................................141-144
　線形モデルの検定......................................145-148
　適合度.........................................................144-145
線形代数（linear algebra）...................................... 99
線形適合（linear fit）....................................... v, 150
線形変換（linear transformation）........................ 216
線形モデル（linear model）............................145-148
選択バイアス（selection bias）................................. 2
全米世帯動向調査（National Survey of Family
　Growth、NSFG）
................... vii, 3, 37, 47, 51, 63, 119, 123, 134, 157
相関（correlation）
　因果.................................................................... 103
　概要........................................................... 98, 105
　計算........................................................................ v
　系列.....................................................182-183, 191
　検定.................................................................... 125
　残差.................................................................... 138
　スピアマンの順位相関 ...............98, 101-103, 126
　ピアソンの相関..........................98-101, 103, 126
相補CDF（complementary CDF、CCDF）
............................................................ 61, 70, 76, 193
測定誤差（measurement error）
................................... 107, 115, 118, 137, 141, 202
素モーメント（raw moment）........................... 85, 91

## た行

第一子のケーススタディ（first babies case study）
................................................................1, 23-24, 129
体重（weight）
　ゴリラ................................................................ 217
　成人..........................................................93-96, 229
　誕生................................................... 出生時体重を参照
対照群（control group）....................................... 104
対照実験（controlled trial）.................................. 104
対称的な分布（symmetric distribution）
............................................................... 87, 147, 225
対数（logarithm）.................................................. 229
対数オッズ（log odd）.......................................... 163
対数正規分布（lognormal distribution）
.............................................67-69, 75, 102, 220-221, 229
対数目盛（logarithmic scale）................................. 61
代表値（average）.........................................25-26, 30
代表的な調査（representative study）................. 4, 16
大麻（cannabis）................................................... 171
代理変数（proxy variable）........................... 159, 169

多重検定（multiple test） ........................................... 133
多胎出産（multiple birth） ........................................... 159
多変量回帰（multivariate regression） ................. 151
単位（unit） ........................................................... 98, 99
単回帰（simple regression） .......................... 151, 168
探索的データ解析（exploratory data analysis）
　DataFrame データ構造 ...................................5-7
　概要 ........................................................................ 1
　可視化 ................................................................. 36
　クリーニング ....................................................... 9
　検証 ..................................................................... 10
　全米世帯動向調査 ............................................. 3
　データのインポート ......................................... 4
　データの解釈 ................................................... 10
　統計的なアプローチ ......................................... 2
　変数 ....................................................................... 7
中央値（median） ................................ 54, 58, 108, 211
抽象化（abstraction） ................................................. 72
中心極限定理（Central Limit Theorem、CLT）
　.................................................................vii 219-225, 230
中心傾向（central tendency） ................ 25, 30, 54, 86
中心モーメント（central moment） ................ 86, 91
調査（study）
　横断的調査 .................................................... 3, 15
　ゴリラ .....................................................111-114, 215-219
　縦断的調査 .................................................... 3, 15
　代表的 ........................................................... 4, 16
直交ベクトル（orthogonal vector） ........................ 99
散らばり（spread） .............................................. 26, 30
ディクショナリ（dictionary） ................................. 17
定常的モデル（stationary model） ................ 188, 192
定量化（quantifying） ................................... 185, 202
データ圧縮（data compression） ............................ 72
データクリーニング（data cleaning）
　..................................................v, 9, 16, 159, 171-173
データ収集（data collection） ................................... 2
データのインポート（importing data）...v, 4, 171-173
データマイニング（data mining） ...........157-159, 169
適合度（goodness of fit） ........................144-145, 150
デバッグ（debugging） ....................................vi, 229
デルタ自由度（delta degree of freedom） ............. 111
電話標本（telephone sampling） .............................. 114
導関数（derivative） ................................................... 77
統計解析手法（analytic method） ........................ 215
統計的に有意な効果（statistically significant effect）
　閾値 ................................................... 123, 131
　重み付けリサンプリング ................................. 148
　回帰分析 ...............................................156, 161, 166-167
　概要 ....................................................... 120, 127, 135
　系列相関 ...................................................183-185
　重回帰 ................................................................. 152
　再現 ..................................................................... 134

出生時体重の差 ................................................. 124
線形回帰 ............................................................... 176
線形モデルの検定 ............................................. 145
相関検定 ............................................................... 225
妊娠期間の差 ........................... 125, 126, 129-131
割合を検定する ............................................127-128
到着時間間隔（interarrival time） ................... 60, 76
透明（transparency） ................................................. 95
度数（frequency） ............... 17, 29, 33, 45, 83, 127-128
ドット積（dot product） ........................................... 99
トリヴァース・ウィラード仮説
　（Trivers-Willard hypothesis） ........................... 167
取引（transaction） ................................................. 172

## な行

内挿（interpolation） ................................................. 81
内生変数（endogenous variable） ......... 164, 168, 176
内部使用クラス（internal class） ............................ 82
生データ（raw data） ......................................... 8, 16
並べ替え（permutation） ................ 123, 126, 135, 225
並べ替え検定（permutation test） .............. 125, 135
偽陰性（false negative） ................................ 131, 136
偽陽性（false positive） ........................ 131, 136, 183
二乗残差（squared residual） ................................. 137
二値整数（binary integer） ................................... 164
二分探索（binary search） .................................84-85
ニューズウィーク誌（Newsweek magazine）
　............................................................................ 202, 206
ニュートン法（Newton's method） ...................... 164
妊娠期間（pregnancy length）
　CDF の表現 .......................................................... 51
　CLT を適用する ............................................. 223
　PMF のプロット ............................................... 35
　回帰分析 ........................................................... 161
　仮説検定 ...............119-120, 123-125, 129, 132-133
　効果量 ................................................................. 27
　正規確率プロット ........................................... 66
　生存分析 ...................................193-197, 208-211
　第一子 .......................................................1, 23-24
　ヒストグラム .............................................19-22
　分散 ..................................................................... 26
　変数 ....................................................................... 7
年齢（age） ....................... 139, 152-153, 157, 164, 198, 202
年齢グループ（age group） ................................... 56
ノイズ（noise） ............................... 94, 178, 179, 185, 200

## は行

パーセンタイル値（percentile）
　................................................................ 50, 54, 58, 64, 96, 217
パーセンタイル順位（percentile rank）
　................................................................48-49, 54-58, 98

パーセントポイント関数（percent point function）
........................................................................ 223
バイアス（bias）
　確証 ........................................................................ 2
　観察者 ............................................................ 39, 45
　選択 ........................................................................ 2
　標本 ....................................................114-115, 118, 141
　歪度 ...................................................................... 87
背理法（proof by contradiction）............................ 120
ハザード関数（hazard function）............196-197, 212
外れ値（outlier）
　....................................22-23, 25, 30, 88-90, 96, 98, 101, 107
ハッシュ可能な型（hashable type）........................ 83
パラメータ（parameter）
　残差を最小にする ............................................ 137
　推定 .............................................................. 142, 163
　正規分布 .............................................................. 62
　線形回帰モデル ................................................ 151
　データ圧縮 .......................................................... 72
　標本分布の計算 ................................................ 148
パレート、ヴィルフレド（Pareto, Vilfredo）........ 69
パレート世界（Pareto World）................................ 74
パレート分布（Pareto distribution）
　............................................................69-71, 73-75, 220, 222
反復ソルバー（iterative solver）............................ 164
ピアソン、カール（Pearson, Karl）........................ 99
ピアソンの相関係数（Pearson coefficient of
　correlation）.......................98, 99-101, 126, 145, 226
ピアソンの中央値歪度（Pearson median skewness）
　............................................................................88-90, 91
非数（NaN、not a number）
　.................................................. 9, 12, 20, 96, 159, 181, 191
ヒストグラム（histogram）........................17-22, 29
非線形関係（nonlinear relationship）... 101, 141, 156
標準化モーメント（standardized moment）.... 87, 91
標準誤差（standard error）
　................................ 113, 115, 142, 150, 215, 217, 230
標準正規分布（standard normal distribution）
　.............................................................................. 76, 223
標準得点（standard score）.................... 98, 100, 105
標準偏差（standard deviation）
　PDF ........................................................................ 78
　RMSE .................................................................. 153
　カイ二乗統計量 ................................................ 129
　概要 .......................................................... 26, 30, 98, 105
　グループ全体 ...................................................... 27
　差の検定 ............................................................ 125
　残差 .................................................................... 144
　正規確率プロット ........................................64-66
　正規分布 .............................................................. 62
　対数正規分布 ...................................................... 68
　ピアソンの相関 .................................................. 99

ピアソンの中央値歪度係数................................ 88
標準得点........................................................................ 98
標本分布..............................................112-113, 215, 217. 219
標本分布の計算................................................................ 230
モーメント .................................................................... 87
標本（sample）............................................ 4, 16, 50
標本化重み（sampling weight）.......148-149, 150, 203
標本誤差（sampling error）
　.................................. 112, 118, 141, 185, 187, 202, 205
標本サイズ（sample size）.................... 112, 134, 218
標本中央値（sample median）.........................115-116
標本バイアス（sampling bias）..........114-115, 118, 141
標本分散（sample variance）.......................... 27, 110
標本分布（sampling distribution）
　..............111-114, 118, 141, 148-149, 215-219, 223-225
標本平均（sample mean）........................ 112, 118
標本歪度（sample skewness）.......................... 87, 91
ビンに分けられたデータ（binning data）... 47, 82, 96
フォーク（fork）.................................................. viii
復元（replacement）.................. 55, 58, 132, 146, 149
不正確さ（inaccuracy）........................................ 2
不偏推定量（unbiased estimator）............ 110
ブラケット演算子（bracket operator）....... 18, 34, 51
ブルーマン・グループ（Blue Man Group）........... 73
プロット（plot）
　hexbin................................................................ 95
　PMF .................................................................35-36
　折れ線................................................................ 35
　散布図......................................93-96, 101, 105, 139, 176
　時系列................................................................ 173
　正規確率...............................64-67, 71, 76, 220-221, 223
　棒 ...................................................................... 35
プロパティ（property）............................................ 194
分位数（quantile）.................................................. 54, 58
分散（variance）...........................................26, 30, 43, 109-111
分布（distribution）
　NSFG 変数 ............................................................ 19
　一様 .................................................. 20, 30, 58, 72, 98, 184
　解析 ........................................................ 59, 73, 75, 225
　カイ二乗ぶんぷ .................................................... 227
　概要 ............................................................ 17, 29
　経験 ................................................ 59, 74, 75
　結果のレポート .................................................. 28
　効果量 .................................................................. 27
　指数 .............................59-62, 72, 74, 77, 82, 115-116, 220
　推定ゲーム.............................................107-109
　スチューデントのt................................... 225
　正規 ..........20, 30, 62-69, 73, 77, 82, 98, 102, 107,
　　109, 215
　第一子................................................................23-24
　対称 ............................................................ 87, 147, 225
　対数正規..............67-69, 71, 75, 102, 220-221, 229

探索的過程 ........................................................... v
外れ値 ................................................................ 22-23
パレート ................................ 69-71, 73-75, 220, 222
比較 ........................................................................ 53
ヒストグラムを表現する ..................................... 18
ヒストグラムをプロットする ............................ 19
標本
 ...111-114, 118, 141, 148-149, 215-219, 223-225
 分散 ................................................................. 26
 要約 ................................................................. 25
 離散 ................................................................. 82
 連続 ................................................................. 82
 ワイブル ......................................................... 74
分布のフレームワーク（distribution framework）
 ............................................................................. 81
平滑化（smoothing） ................................. 72, 82, 178
平均（mean）
 概要 ........................................................... 25, 62
 計算 ................................................................. 43
 差を検定 ....................................................... 123
 標準得点 ......................................................... 98
 ローリング ........................................... 178, 191
平均誤差（mean error） ......................................... 111
平均二乗誤差（mean squared error、MSE）
 .......................................... 108-109, 112, 115-116, 144
平均二乗誤差の平方根（root MSE、RMSE）
 .......................................... 108-109, 115-116, 144, 153
閉形式（closed form） .............................. 62, 163, 216
米国国勢調査局（US Census Bureau） ............ 70, 90
ベイズ推定（Bayesian inference） ....................... 119
ベイズ統計（Bayesian statistics） ......................... 114
変数（variable）
変数間の関係（relationships between variables）
 因果 ................................................................ 103
 概要 ................................................................. 93
 共分散 ............................................................. 98
 散布図 ......................................................... 93-96
 スピアマンの順位相関 ............................ 101-103
 相関 ......................................................... 98, 101
 特徴付け ......................................................... 96
 ピアソンの相関 ....................................... 99-101
 非線形 .................................................... 101, 141
 モデル化 ........................................................ 137
棒グラフ（bar plot） ................................................ 35
放物線（parabola） ................................................ 156
飽和（saturation） ............................................. 95, 105
補関数の積（cumulative product） ...................... 201
母集団（population） ............................. 3, 15, 81, 112
母数（parameter）
 指数分布 ..................................................... 59-62
 対数正規分布 ................................................. 67
 パレート分布 ................................................. 69

ホッケー（hockey） .............................................. 117
ホッケースティック曲線（hockey stick graph）
 ........................................................................... 171
ポワソン回帰（Poisson regression） .... 161, 167, 169

## ま行
見かけ上の相関（spurious relationships） ........... 103
密度（density） ................................................. 77, 81
無作為対照実験（randomized controlled trial） ... 104
メモリレス過程（memoryless process） .............. 210
モード（mode） ......................... 20, 29, 最頻値も参照
モーメント（moment） ............................. 85-86, 91
モデル（model）
 PDF の推定 ..................................................... 81
 回帰 ............................................. 回帰分析を参照
 概要 ................................................... 59, 72, 75
 仮説検定 ........................................................ 120
 最小二乗適合 ............................................... 141
 指数分布 .................................................... 59-62
 収入の分布 ..................................................... 90
 正規確率プロット ............................... 64-66, 71
 正規分布 ......................................................... 62
 線形回帰 ................................................. 175-177
 線形モデルの検定 ................................ 145-148
 対数正規分布 ........................................... 67, 71
 定常的 .................................................. 188, 192
 適合度の測定 ......................................... 144-145
 パレート分布 ............................................ 69-71
 変数間の関係 ............................................... 137
 乱数の生成 ..................................................... 72
モデル化誤差（modeling error） ................ 186, 202

## や行
有意な効果（significant effect） ......... 臨床的に意義が
 ある効果、統計的に有意な効果を参照
優先的選択（preferential attachment） .................. 73
要約統計量（summary statistic） ............... 25, 30, 54
予測（prediction）
 .................. 100, 109, 144-145, 159-161, 185-189, 208
四分位数（quartile） ................................................ 54
四分位範囲（interquartile range） .................... 54, 58

## ら行
ラグ（lag） ........................................ 182, 183-185, 191
ラッパー（wrapper） ............................... 83, 196, 217
乱数（random number） ....... 54, 58, 65, 72, 74-75, 116
ランダム化比較試験（randomized controlled trial）
 .................................................................... 104, 105
離散化（discretizing） ...................................... 82, 91
リサンプリング（resampling）
 重み付け ............................................ 148-149, 203
 概要 ............................................................... 135

欠損値 ................................................... 180-181
自己相関関数 ................................................ 184
実験をシミュレーションする ........................ 142
相関検定 ...................................................... 225
標本誤差の定量化 ................................. 186, 202
リサンプリング検定（resampling test） ............... 136
離散分布（discrete distribution） ........................... 82
リポジトリ（repository） ......................................... viii
クローン ......................................................... viii
両側検定（two-sided test） ..................... 125, 136, 225
量子化（quantizing） ............................................... 82
リレーレース（relay race） ...................................... 44
臨床的に意義がある効果
　（clinically significant effect） ........................ 28, 31
倫理（ethics） ..................................... 28, 104, 171, 202
累積確率（cumulative probability） ........... 58, 81, 84
累積分布関数
　（cumulative distribution function、CDF）
　　PMFの限界 ..................................................... 47
　　概要 ....................................................... 50, 58
　　関係を特徴付ける ............................................... 96
　　帰無仮説をシミュレーションする ................. 131
　　逆CDF（ICDF） ........ 51, 58, 71, 84, 217, 222-223
　　指数分布 ................................................... 59-62
　　正規分布 ......................................................... 62
　　相補CDF ........................ 61, 70, 74, 76, 193, 202

対数正規分布 .................................................... 67
導関数 ............................................................. 77
妊娠期間の差 .................................................. 124
パーセンタイル .............................................. 48
パーセンタイル順位を比較する ..................... 56
パーセンタイル派生統計量 ............................. 54
パレート分布 ............................................. 69-71
比較 ................................................................ 53
表現 ................................................................ 51
分布のフレームワーク ..................................... 81
乱数 ................................................................ 54
レース（race） ................................................ 44, 56
レースのタイム（race time） ................................. 56
レコード（record） ................................................... 16
連続分布（continuous distribution） ...................... 82
労働統計局（Bureau of Labor Statistics） ............... 90
ローリング平均（rolling mean） .................... 178, 191
ロジスティック回帰（logistic regression）
　....................................................... 161-162, 169
六角形ビン分割プロット（hexbin plot） ................ 95
論理型（Boolean type） ...... 12, 19, 155, 160, 161, 164

## わ行

歪度（skewness） ..................... 87-90, 98, 102, 220-221
ワイブル分布（Weibull distribution） ..................... 74
割合（proportion） ................................................. 127

# 訳者あとがき

　初版の翻訳から、3年で『Think Stats 第2版』の翻訳をお届けするわけですが、原書副題が「プログラマのための統計入門」(Probability and Statistics for Programmers）から「探索的データ解析」(Exploratory Data Analysis）へと変化していることからもわかるように、分量も増え内容も大きく変わっています。ただし、長所自体は、1つを除いて変わっていません。

1. 実際のデータを分析できる。
2. 短時間で読める。
3. プログラムを書いて学べる。

　初版の特長の「ベイズ主義の考えを大きく扱っている」は、昨年発刊された『Think Bayes――プログラマのためのベイズ統計入門』（オライリー・ジャパン）に委ねられて、この第2版では削られています。

　目次を見てもわかるように、内容は大幅に変更されています。著者のまえがきにあるように、「11章　回帰」、「12章　時系列分析」、「13章　生存分析」、「14章　統計解析手法」は、この第2版で新たに起こされた章ですが、はじめから10章までのところも、題名が変わるだけでなく、内容自体が大幅に変わっています。

　さらに、演習問題を含めたアプローチが次のように変わりました。

　第一に、viii ページの「コードを使う」で述べられているように GitHub のリポジトリに、原書そのもの（TeX)、章中のコード、演習問題、演習問題の解答、原書の誤植と訂正がすべて載せられています。この翻訳作業でも、GitHub を使って、演習

問題の確認や著者のダウニーさんとの連絡が円滑に取れたことを報告しておきたいと思います。

　第二に、Anaconda パッケージの使用です。初版には、原書にない日本語版付録として、NumPy/Scipy の解説を含めました。あとがきでも、「本書では、作者の Allen Downey 氏自作のライブラリを使っています。これは、読者が学ばなければいけないことを増やして学習コストを上げないように、という作者の配慮によるものです。しかし、本格的に Python による統計分析を行うなら、既存の Python モジュールを利用する方が効果的ですし、今後のメンテナンスも楽でしょう。」と書いておいたのですが、この言葉が原著者にも届いたかのように、この第 2 版では、pandas、NumPy、SciPy、StatsModess、matplotlib などが Anaconda 環境で装備され、これらを使うことを前提にしてプログラムが組まれています。

　ちょっと残念なのは、初版の付録で述べたような NumPy/SciPy を含めてこれらのモジュールの本当に基本的なところの解説が含まれていないことです。本書の演習問題を解くだけなら、そこまで知らなくてもいいので、余分なことでしょうが、本書で学んだことをベースにして、自分の問題を解くためには、別途学習しておく必要があると思います。

　原著者のつもりとしては、データ解析の基本的なことを学ぶための最低限の知識と技能は、本書の内容をマスターすれば十分だというところのようです。後は、自分で勉強して欲しいということでしょう。そのためにも、これも原書には含まれていなかった参考文献をつけておきました。

　本書の底本は、O'Reilly Media 発行の『Think Stats 2nd Edition』2014 年 10 月発行ですが、誤植を修正した PDF 版が 2.0.27 として Green Tea Press から出ているので、適宜内容を改訂してあります。その他にも読みやすさのために体裁を変えたところがあります。

　最後に、初版と同様に、参考文献を挙げておきます。

## 統計確率の基礎からの本

『Head First Statistics』Dawn Griffiths 著、黒川利明監訳、木下哲也、黒川洋、黒川めぐみ訳、オライリー・ジャパン、2009

　　解説や例が丁寧な統計の入門書です。本書に登場する統計の概念がよくわからなかった、あるいは詳しい説明を読みたいという方は参照してみてください。

『統計・確率の意味がわかる―数学の風景が見える』野崎昭弘、伊藤潤一、何森仁、小沢健一著、ベレ出版、2001。

> こちらも丁寧に統計の基本的な概念が紹介されている入門書です。上記の『Head First Statistics』よりもページ数は短く演習問題もありませんが、読者が統計・確率の概念を理解することに重点を置いています。

『Head Firstデータ解析―頭とからだで覚えるデータ解析の基本』Michael Milton著、大橋真也監訳、木下哲也訳、オライリージャパン、2010

> こちらは、実データを分析するには、という観点から統計やデータ処理について解説されています。データのクレンジングなど本書では触れられていなかったものの、実際にデータ分析を行う上で重要なことにも触れています。

『統計学入門』（基礎統計学）、東京大学教養学部統計学教室編、東京大学出版会、1991

> 大学教養課程の統計学の教科書です。オーソドックスな構成ですが、本書で触れられた基本的な確率や推定、検定の理論的な側面を解説してくれます。本書を読んだ後で参照することで、統計学の理解が深まるでしょう。

『自然科学の統計学』（基礎統計学）、東京大学教養学部統計学教室編、東京大学出版会、1992

> 上記の本の続編にあたります。線形適合やベイズ推定など上記の本で触れられなかった分野について解説してくれています。また本書は自然科学で使われる統計学の説明が中心ですので、そのような使い方を想定されている方には参考になるでしょう。なお、人文・社会科学で使われる統計学の解説として同じシリーズの『人文・社会科学の統計学』も出版されています。

## もっと広範な統計確率について学ぶ本

『統計クイックリファレンス 第2版』Sarah Boslaugh著、黒川利明、木下哲也、中山智文、本藤孝、樋口匠訳、オライリー・ジャパン、2015

> 統計の基礎から応用の実地まで簡潔にまとめた本。「統計についてのコミュニケーション」や「他人が提示した統計を批判する」のような統計を利用する人にとって役立つ項目も含まれています。

『Think Bayes―プログラマのためのベイズ統計入門―』Allen B. Downey 著、黒川利明訳、オライリー・ジャパン、2014

> 本書初版のベイズ統計に関する部分も含めた実際的なベイズの入門書です。

『Python によるデータ分析入門――NumPy、pandas を使ったデータ処理』Wes McKinney 著、小林儀匡、鈴木宏尚、瀬戸山雅人、滝口開資、野上大介訳、オライリー・ジャパン、2013

> 本書での pandas や DataFrame など、詳しい説明が載っています。

『Data Analysis with Open Source Tools』Philipp Janert 著、O'Reilly Media、2011

> 本文中で参照されていた時系列分析の教科書。

『Information Theory, Inference, and Learning Algorithms』David MacKay 著、Cambridge University Press 2005

> 本書の豊富な例題のタネ本の 1 つ。

## Python について学ぶ本

『Python チュートリアル 第 2 版』Guido van Rossum 著、鴨澤眞夫訳、オライリー・ジャパン、2010

> Python の作者による Python の解説。既に他言語を習得している人がどの順番で読むべきかアドバイスがありますので、Python は使ったことがないけれど他の言語なら書ける、という方は参考にすると良いでしょう。

『初めての Python 第 3 版』Mark Lutz 著、夏目大訳、オライリー・ジャパン、2009

> 初めて、と書いてありますが、内容は濃いものになっています。本書で Python を使うために文法を知りたいだけなら、上に挙げたチュートリアルで十分ですが、より Python を理解したい、という方は読むべきです。

『Python 文法詳解』石本敦夫著、オライリー・ジャパン、2014

> 日本語で書かれた Python の文法の解説。構文以外の情報も豊富。

『Effective Python — 59 specific ways to write better Python』Brett Slatkin 著、Addison-Wesley、2015

　Python の効率的なプログラミング技法の本。

## 謝辞

　いつものように、索引の英文交合も含めて出版までさまざまなとりまとめをしてくださった赤池涼子さん、原稿を読んでいただきいろいろと指摘いただいた、藤村行俊さん、千葉県立船橋啓明高等学校の大橋真也先生にも改めて感謝したい。家族には、いつものことだが、世話になりっぱなしで、いくら感謝しても足りないがこの機会にありがとうと言っておきたい。

2015 年 8 月　黒川 利明・黒川 洋

● 著者紹介

**Allen B. Downey**（アレン・B・ダウニー）
米国オリン大学コンピュータサイエンス学科の准教授。Wellesley 大、Colby 大、U.C. バークレー大でコンピュータサイエンスを教えた経験を持つ。U.C. バークレー大でコンピュータサイエンスの博士号を MIT で修士と学士号を取得している。

● 訳者紹介

**黒川 利明**（くろかわ としあき）
1972 年、東京大学教養学部基礎科学科卒。東芝㈱、新世代コンピュータ技術開発機構、日本 IBM、㈱ CSK（現 SCSK㈱）、金沢工業大学を経て、2013 年よりデザイン思考教育研究所主宰。
文部科学省科学技術政策研究所客員研究官として、ICT 人材育成や Design Thinking、ビッグデータ、クラウド・コンピューティング、シニア科学技術人材活用に、情報規格調査会 SC22 C#、CLI、スクリプト系言語 SG 主査として、C#、CLI、ECMAScript などの JIS 作成、標準化に携わる。
現在、町田市介護予防サポータ、カルノ㈱データサイエンティスト、日本マネジメント総合研究所 LLC 客員研究員。ワークショップ「こどもと未来とデザインと」運営メンバー、ワールドカフェ「若手とシニアの架け橋の会」創立メンバー、ICES 創立メンバー、画像電子学会理事国際標準化教育研究会委員長などで、データサイエンティスト教育、デザイン思考教育、標準化人材育成、地域活動などに関わる。
著書に、『Service Design and Delivery—How Design Thinking Can Innovate Business and Add Value to Society』（Business Expert Press）、『クラウド技術とクラウドインフラ—黎明期から今後の発展へ』（共立出版）、『情報システム学入門』（牧野書店）、『ソフトウェア入門』（岩波書店）『渕一博—その人とコンピュータ・サイエンス』（近代科学社）など、訳書に『統計クイックリファレンス』、『Think Bayes—プログラマのためのベイズ統計入門』（オライリー・ジャパン）、『メタ・マス！』（白揚社）、『セクシーな数学』（岩波書店）など、共訳書に『アルゴリズムクイックリファレンス』、『ThinkStats—プログラマのための統計入門』、『入門データ構造とアルゴリズム』、『プログラミング C# 第 7 版』（オライリー・ジャパン）、『情報検索の基礎』、『Google PageRank の数理』（共立出版）など。

黒川 洋（くろかわ ひろし）
東京大学工学部卒業。同大学院修士課程修了。
日本アイ・ビー・エム（株）ソフトウェア開発研究所を経て、現在はグノシー（株）に勤務。共訳書に『Google PageRank の数理』（共立出版）、『Head First Statistics』『アルゴリズムクイックレファレンス』『アルゴリズムパズル―プログラマのための数学パズル入門』（オライリー・ジャパン）など。

● カバーの説明

　表紙の動物はテッポウウオです。英語名は archerfish（アーチャーフィッシュ、アーチャーは射手という意味）です。口から水を飛ばして枝の上にいる昆虫などを撃ち落とし、捕食するユニークな生態で知られています。テッポウウオの仲間は7種が知られていて、インドからフィリピン、オーストラリア、ポリネシアまでの東南アジア周辺の汽水域に生息しています。通常は5〜10センチ程度ですが、最大で40センチの個体の記録があります。小型の魚ながらも2メートルまで水を飛ばすことができ、また射撃の角度も45度から110度の範囲で変えることができます。2.5センチ程度の大きさになると射撃を覚えるようになり、成長するにつれ射撃のテクニックが向上し、成体のテッポウウオであれば、ほぼ一撃で獲物を仕留めることができると言われています。また、水からジャンプして獲物を捕まえることもあります。水族館でも人気の魚です。

## Think Stats 第2版―プログラマのための統計入門

2015 年 8 月 18 日　初版第 1 刷発行

| | | |
|---|---|---|
| 著　　　者 | Allen B. Downey（アレン・B・ダウニー） | |
| 訳　　　者 | 黒川 利明（くろかわ としあき）、黒川 洋（くろかわ ひろし） | |
| 発　行　人 | ティム・オライリー | |
| 印刷・製本 | 株式会社平河工業社 | |
| 発　行　所 | 株式会社オライリー・ジャパン | |
| | 〒160-0002　東京都新宿区四谷坂町 12 番 22 号　インテリジェントプラザビル 1F | |
| | Tel　(03)3356-5227 | |
| | Fax　(03)3356-5263 | |
| | 電子メール　japan@oreilly.co.jp | |
| 発　売　元 | 株式会社オーム社 | |
| | 〒101-8460　東京都千代田区神田錦町 3-1 | |
| | Tel　(03)3233-0641（代表） | |
| | Fax　(03)3233-3440 | |

Printed in Japan（ISBN978-4-87311-735-5）
乱丁、落丁の際はお取り替えいたします。

本書は著作権上の保護を受けています。本書の一部あるいは全部について、株式会社オライリー・ジャパンから文書による許諾を得ずに、いかなる方法においても無断で複写、複製することは禁じられています。